航空工业首席专家技术丛书

航空机载软件质量管理与控制

Aeronautical Airborne Software Quality

Management and Control

孙智孝　编著

航空工业出版社

北　京

内 容 提 要

本书以我国装备航空机载软件质量管理与控制工作为切入点，旨在解决国内装备航空机载软件质量管理与控制中质量属性难以满足系统指标要求等实际问题。本书首先针对机载软件特点与分类、软件质量定义、相关标准规范以及国内外研究现状与发展趋势进行了分析概述。其次，系统地介绍了航空机载软件研制质量管理、软件产品质量评价等质量管理技术与实施过程，以及航空机载软件可靠性指标论证分配、软件可靠性分析、可靠性设计编码、可靠性测试评估、可靠性指标验证等质量控制技术与实施过程。最后，给出了典型航空机载软件质量管理与控制工程中的应用案例。

本书主要面向国内航空装备机载系统以及软件领域的专业研发人员、测试人员、质量管理人员，以及国内高等院校或研究所的计算机、软件工程、机载系统开发测试等相关专业的本科生及研究生，也可为国内从事民用机载软件研制、适航安全、测试验证研究的专业技术人员提供技术参考。

图书在版编目（C I P）数据

航空机载软件质量管理与控制 / 孙智孝编著. —— 北京：航空工业出版社，2024.6
（航空工业首席专家技术丛书）
ISBN 978-7-5165-3630-8

Ⅰ. ①航…　Ⅱ. ①孙…　Ⅲ. ①航空器 – 机载计算机 – 软件质量 – 质量管理②航空器 – 机载计算机 – 软件质量 – 质量控制　Ⅳ. ①V247.1

中国国家版本馆 CIP 数据核字（2023）第 247528 号

航空机载软件质量管理与控制
Hangkong Jizai Ruanjian Zhiliang Guanli yu Kongzhi

航空工业出版社出版发行
（北京市朝阳区京顺路5号曙光大厦C座四层　100028）
发行部电话：010-85672666　010-85672683

北京天恒嘉业印刷有限公司印刷　　　　　全国各地新华书店经售
2024年6月第1版　　　　　　　　　　2024年6月第1次印刷
开本：787×1092　1/16　　　　　　　　字数：323千字
印张：12.5　　　　　　　　　　　　　定价：98.00元

前　　言

随着航空装备软件密集化程度不断提升，机载软件承担了飞行控制、导航解算、作战规划、武器发射等系统核心功能，对飞行安全和任务完成具有重要影响。机载软件通常具有数据实时交互、软硬耦合密切、余度设计复杂、故障处理多样、状态场景复合等复杂特征，由软件失效引发的系统危险比例不断攀升，软件已成为机载系统的薄弱环节与瓶颈所在。

随着航空装备质量问题频发，航空机载软件质量管理与控制工作已经成为软件研制过程中的迫切需求和必然趋势，直接关系到航空装备产品的研制与交付成败。国外针对航空机载软件质量的管理与控制技术已开展了大量的技术研究与工程实践活动，并编制了相应的标准规范，对于军用飞机／民用飞机适航安全保障起到了积极的作用。但是，国内航空装备机载软件的质量管理与控制技术研究起步相对较晚，尚缺乏规范有效的技术方法、典型案例以及指南规范，机载软件产品质量仍存在着大量不足有待解决。本书的编著者在航空装备软件质量、软件测试、软件可靠性安全性以及软件工程化领域深耕多年，具有较为深厚的技术基础，积累了大量的工程经验。基于此，编著此书以期能为国内航空装备机载软件研制与质量保障工作贡献微薄之力，进而保障机载软件质量满足高可靠、高安全的指标要求。

本书以我国装备航空机载软件质量管理与控制工作为切入点，支持航空机载软件研制人员、测试人员以及质量管理人员在软件研制过程中开展符合标准要求、规范有效的软件质量管理工作，以及面向可靠性的软件质量控制工作，提供了具有可操作性的技术方法与操作规程，以解决国内装备航空机载软件质量管理与控制手段相对匮乏、软件可靠性安全性等质量属性难以满足系统指标要求等实际问题。

本书立足于国内航空装备机载软件研制现状和迫切需求，目标是为机载软件研制质量管理与控制工作提供覆盖全寿命周期，具有规范性、实操性的方法指南、知识数据以及典型案例。第 1 章介绍了航空机载软件及其质量的基本概念、相关标准，以及国内外研究现状与发展趋势。第 2 章在国内外软件质量管理技术基础上，结合机载软件研制过程，介绍了机载软件重要度分级、机载软件产品质量评价等机载软件质量管理方法与实施过程。第 3 章以可靠性这一核心特性为对象，阐述全寿命周期的航空机载软件质量控制能力的构建过程。重点介绍了机载软件可靠性指标论证、分配、分析、设计编码、测试评估等质量控制技术方法与实施过程，可为国内航空装备机载软件研制人员、测试人员开展可靠性工作提供有益参考。第 4 章则从作者近些年来参与的工程项目中选取若干典型案例进行详细介绍，阐述以可靠性为目标的质量控制工作的技术方法与成果形式。

本书由孙智孝担任主编并统稿，温晓玲和姜梦岑对本书的编写作出了较大贡献。其中，温晓玲负责第 2 章航空机载软件质量管理技术、第 4 章机载软件质量控制典型案例部分内容的撰写，姜梦岑负责第 3 章基于可靠性的航空机载软件质量控制技术部分内容的撰写。此外，在本书编写过程中，作者还与北京航空航天大学的李海峰高工等专家进行了交流研讨，对他们的贡献在此一并表示感谢。最后，还要特别感谢中国航空工业集团公司沈阳飞机设计研究所的领导和同事们，正是得益于你们的帮助与支持，本书才能如期付梓与读者见面。

本书是国内航空装备领域机载软件质量管理与可靠性方面的专著，参考了国内外大量的标准和文献，集中呈现了编著者及其团队多年来在航空装备机载软件研制与质量工作中积累的研究成果与工程经验。限于时间、精力以及水平，本书难免存在着疏漏以及不当之处，还请各位读者不吝批评指正，也欢迎与我们做进一步的交流和研讨。

编著者

2023 年 11 月

目　　录

第1章　航空机载软件质量概述

"软件定义装备"的趋势日益显现，以往由硬件实现的功能大量向软件迁移，航空装备的软件密集化程度不断提升。新一代航空装备多采用硬件一步到位、软件迭代升级的研制模式，支撑其能力的快速演进，以适应在智能协同、赛博攻防等新概念驱动下的复杂战场环境，软件成为将新技术转化为现实世界中可用能力的最优载体。在军用航空领域，软件负责实现飞行控制、作战规划、导航识别、武器发射等核心关键功能，对飞行安全和任务完成具有重要影响，被视为未来战争制胜的关键要素之一。

随之而来的是软件复杂程度的持续攀升。以美国 F-X 系列战斗机为例，机载软件规模呈指数级增长，软硬件所实现功能的二八定律已倒置。最新的 F-35 机载软件代码规模已经超过 2400 万行，实现飞机 80% 以上的功能。

因此，软件质量问题也越来越复杂与隐匿。一旦软件出现故障，对机载系统的任务完成或者运行安全可能产生严重影响，轻则导致系统任务失败，重则导致设备损坏甚至机毁人亡。数据统计表明，在航空航天等领域的软件密集型装备中，超过 70% 的失效是由于软件故障导致的，软件已成为导致机载系统事故的重要因素。例如，2009 年发生的法航 AF447 空难、2008 年发生的澳航 Qantas Flight 72 事故等，都是由于控制系统软件对于传感器的故障未进行防护设计所导致的；2018—2019 年，狮航与埃航发生的两起波音 737 MAX 空难是由于防失速保护系统（MCAS）软件对传感器异常的安全设计缺失所导致的。

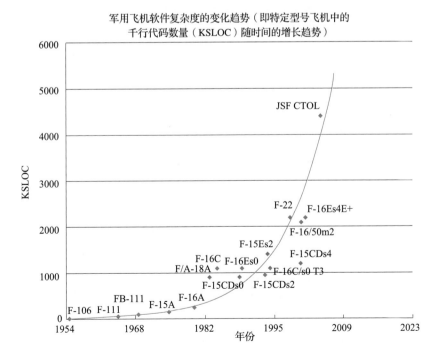

军用飞机软件复杂度的变化趋势（即特定型号飞机中的千行代码数量（KSLOC）随时间的增长趋势）

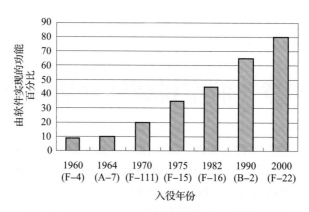

图 1-1　美国战机软件规模及实现功能比例增长趋势

注：选自《美国国防部负责采办、技术与后勤的副部长、空军部长、空军参谋长达成的谅解备忘录》，2016。

美国第四代、第五代战斗机也饱受软件问题的困扰。2004 年 12 月，美国 F-22 战斗机由于飞控软件故障发生坠毁事故，导致整个 F-22 机队停飞。2014 年，美国空军 F-35 战斗机项目主管指出："我担心的是软件，主要是作战软件。我还担心自主保障信息系统（autonomic logistics information system，ALIS），这也是一个软件。"从那时起直至现在，在美国政府发布的 F-35 项目进展系列报告中，软件问题一直是关注的焦点，但从未得到很好解决。有资料表明，已经发布和部署的 F-35 项目飞控系统软件，都曾暴露出严重的质量问题，如"每 4h 就必须关机重启以保证软件稳定运行"。2016 年，美国国防部作战试验与评估办公室的备忘录指出，目前 F-35 战斗机仍有 155 项以上的缺陷需要修复，但受技术、资金、人员配置等因素影响，导致多个 F-35 战斗机关键软件模块的可靠性徘徊在较低水平，如表 1-1 所示。

表 1-1　F-35 关键软件的可靠性水平

F-35 关键软件版本	飞行小时 /h	不稳定情况之间的平均飞行小时 /h
3FR5.03 版软件（用于飞行试验）	72.6	9.1
早期 3F 版软件（用于飞行试验）	136.8	5.07
3iR6.21 版软件（用于空军初始作战能力开发）	128.3	25.66
早期 3i 版软件（用于飞行试验）	181.3	6.97
最近的 Block2B 版软件（用于负载试验）	28.5	28.5

综上所述，软件质量尤其是可靠性已成为机载系统最为薄弱的环节。因此，国内外航空装备研制过程均对软件质量提出了更高要求，在投入使用之前必须严格依据相关标准开展软件质量管理与控制工作。本节立足于航空机载软件质量工作，详细阐述航空机载软件质量相关概念、机载软件质量管理技术，以及基于可靠性的机载软件质量控制技术，并给出关键技术的典型应用案例。

1.1　机载软件

机载软件是指安装在飞机或其他飞行器上的计算机软件，本节首先对机载软件的特点以及分类进行阐述，以明确本书的适用范围与对象。

1.1.1　机载软件特点

按照使命任务，机载系统可采用不同的组合来安装部署软件。不论采用哪种方式，一个机载系统软件的输入、程序或功能、输出、反馈以及与其他设备的交联都是相同的。

机载软件通常具有数据实时交互、软硬耦合密切、余度设计复杂、故障处理多样、状态场景复合等特点，具体描述如下。

（1）外部接口繁多，数据实时交互

机载软件从大气数据传感器、伺服控制装置、上位机等多个设备中实时接收大量的接口数据（例如，高度、压力、前轮承载信号等），并实时向各类执行机构输出控制信号（例如，左右平尾主控指令、左右方向舵主控指令等）。接口类型涵盖开关量、模拟量、各类数字总线等。单个接口可能会参与多个功能（例如，表决、监控、重构、故障综合等）的实现，同时多个接口之间又存在着约束或组合关系。

（2）动态控制过程，软硬耦合密切

机载软件负责实现多种系统控制功能，经过控制律算法，动态输出控制指令，对机翼、平尾、方向舵等多种执行机构进行实时闭环控制，因此软硬件之间的耦合关系密切，对控制时序有着较高要求。

（3）余度设计复杂，故障处理多样

机载软件对 1394 网络故障、伺服故障、配平信号故障等多种类别的故障进行定义标识，并制定了复杂的故障记录与恢复策略。同时，实现双余度、三余度、四余度等多种复杂的输入输出数据表决策略。这些故障处理策略以及余度表决策略，对于各项功能逻辑的正确执行会产生不确定的影响。

（4）多种工作状态方式，对功能或数据产生影响

机载软件具有多种工作状态（例如，上电初始化、运行、维护、下电等）以及飞行阶段（例如，滑行、降落、巡航等）。这些工作状态或飞行阶段之间的相互转移，对系统功能处理逻辑以及接口数据取值也会产生影响。

1.1.2　机载软件分类

参考 HB 20212—2014《航空机载软件分类与代码》标准以及相关资料，本书建议从软件实现功能、所属系统、重要度等级以及来源类型等多个角度对机载软件进行分类。

1.1.2.1　按软件实现功能分类

依据机载软件所实现的功能，可以将软件分为系统软件、应用软件、综合软件等类别，具体如表 1–2 所示。

表 1–2 按软件实现功能的分类

序号	类别	说　　　明
1	系统软件	包括操作系统、数据库、驱动程序、中间件等类别的软件，为应用软件运行提供所需的基础环境
2	应用软件	包括数据计算类软件、实时控制类软件、图形显示类软件、信息处理类软件等，执行用户所需的特定任务
3	综合软件	将系统软件和应用软件两部分作为一个产品交付

1.1.2.2　按软件所属系统分类

依据软件所属的机载系统，对软件进行分类，如表 1–3 所示。

表 1–3 按软件所属系统的分类

序号	系统名称	软件类别
1		飞机动力系统软件
2		飞机发动机系统软件
3	动力 / 燃油 / 液压 / 气动	飞机液压气动系统软件
4		武器电子燃油控制器软件
5		飞机刹车控制系统软件
6	机电管理	飞机机电控制与管理系统软件
7		飞机电传飞行控制系统软件
8	飞行控制	飞机自动飞行控制系统软件
9		武器飞行控制系统软件
10		飞机显示控制管理系统软件
11		飞机飞行控制系统显示设备软件
12	显示控制	飞机显示器设备软件
13		飞机电子启动板软件
14		飞机正前方控制板软件
15		武器显控台系统软件
16		飞机电源配电系统软件
17	电源 / 电气 / 照明 / 告警	飞机电气系统软件
18		飞机照明系统软件
19		飞机灯光告警系统软件

表 1-3（续）

序号	系统名称	软件类别
20	数据管理	飞机综合数据管理子系统软件
21		飞机综合数据管理处理机系统软件
22		飞机综合数据记录器软件
23		飞机数据加载器软件
24		飞机综合数据记录器软件
25		飞参记录器软件
26	通信/导航/敌我识别	飞机数据传输设备软件
27		飞机数据链通信设备软件
28		武器地面设备通信系统软件
29		飞机 CNI 导航设备软件
30	任务管理	飞机航电任务管理处理机系统软件
31		飞机航行任务管理系统软件
32		武器吊舱系统任务计算机系统软件
33		武器地面任务管理计算机系统软件
34	惯性导航	激光捷联惯性/卫星组合导航系统软件
35		捷联惯性导航系统软件
36		激光惯性导航系统软件
37		纯惯性导航系统软件
38	雷达/探测	飞机雷达系统软件
39		飞机搜索跟踪装置软件
40		飞机光电探测系统软件
41		制导雷达系统软件
42		气象雷达系统软件
43	侦察识别/电子对抗	飞机监视侦察与识别装置软件
44		飞机电子干扰系统软件
45		飞机诱饵设备软件
46		红外告警设备软件
47		紫外告警设备软件
48	环控救生	飞机环控系统软件
49		飞机除冰设备软件
50		飞机弹射救生设备软件
51		飞机氧气管理设备软件

表 1-3（续）

序号	系统名称	软件类别
52	制导	武器导引头系统软件
53		武器导引头伺服系统软件
54		武器指令接收与发射装置软件
55		武器图像接收与发射装置软件
56		飞机吊舱指令接收与发射装置软件
57		飞机吊舱图像接收与发射装置软件
58		飞机吊舱伺服系统软件
59	引信	武器引信系统软件
60		武器子弹药系统软件
61	火控 / 发控	机载武器火控系统软件
62		飞机外挂物管理系统软件
63		头盔瞄准系统软件
64		红外跟踪瞄准系统软件
65		空空 / 空地导弹发控装置软件
66	任务规划	飞机任务规划系统软件
67		武器任务规划系统软件
68	指挥控制	航空兵指挥控制系统软件
69		地空武器指挥控制系统软件
70		预警机任务电子系统软件
71		通信指挥机指挥控制系统软件
72	操作系统	实时嵌入式操作系统软件
73		桌面 / 服务器操作系统软件
74	数据库系统	数据库管理系统软件
75		地理信息系统软件
76		交换机系统软件

1.1.2.3 按软件重要度等级分类

依据软件重要度等级（重要度分级方法见本书的第 2.1.3 小节），对机载软件进行分类，如表 1-4 所示。

表 1–4　软件按重要度等级的分类

序号	软件重要度等级	说　　明
1	A 级	可能引起或者导致系统功能失效，进而引起航空器灾难性失效的软件
2	B 级	可能引起或者导致系统功能失效，进而引起航空器严重失效的软件
3	C 级	可能引起或者导致系统功能失效，进而引起航空器较重失效的软件
4	D 级	可能引起或者导致系统功能失效，进而引起航空器较轻失效的软件

1.1.2.4　按软件来源类型分类

依据软件的来源类型，对机载软件进行分类，如表 1–5 所示。

表 1–5　软件按来源类型进行的分类

序号	软件来源类型	说　　明
1	自研软件	企业自行研制的软件
2	外购软件	企业对外采购的成熟货架商业软件
3	外包软件	企业自行设计，委托给外单位开发的软件
4	定制软件	在较为成熟的外购商业软件或者开源软件基础上，按照系统的功能、性能等用户特定要求，进行适应性定制开发的软件

1.2　软件通用质量特性

软件通用质量特性是确保各类机载软件成功提交和验收的重要前提和基础。本节参考国内外相关资料，对软件通用质量特性以及相应工作内容进行阐述，为读者快速了解本书的基础原理和相关概念做出铺垫。

1.2.1　航空机载软件质量发展概述

纵观国内外机载系统质量建设与发展的历程，机载系统质量管理工作均走过了一条从"初萌芽"到"成体系"的道路，可划分为如下几个主要阶段：

（1）20 世纪 50 年代以前，主要以解决符合性、一致性问题为目标的"生产质量管理"阶段，主要依赖性能设计符合性检验。

（2）20 世纪 60—70 年代，是以解决设计缺陷和故障隐患为目标的"设计质量控制"阶段，主要推行全面质量管理。

（3）20 世纪 90 年代以后，是以解决效能和经济性为目标的"全寿命过程质量"阶段，逐步实施并行工程和综合集成，强调在质量形成过程中融合先进的质量管理理念和控制技术方法。

（4）当前阶段，我国新一代机载系统研制工作已广泛应用了可靠性、维修性、安全性等通用质量特性技术，即通过构建通用质量特性相关的指标体系、流程管理、标准规范、集成管理、数据管理等，全面运用现代质量管理理念，逐步构建统一的质量管理模式和一体化控制技术解决方案，并逐步在机载软件研制过程中全面推广实施。

目前，我国新型机载系统及其软件已呈现出技术高新化、系统复杂化、功能集成化、产品电子化、环境多样化等特征。此外，机载系统的使用与运行环境也发生了翻天覆地的变化。机载系统一般均需在复杂、多变的环境下使用。例如，在很短的时间内，飞机可能会经历跨度很大的温差、气压变化等复杂气象情况。

工程实践表明，机载软件质量问题的技术化特征非常明显，技术质量问题约占质量问题总数的一半。因此，以通用质量特性为抓手，突出以可靠性为代表的新一代机载软件质量观，已成为机载软件研制与质量工作的重中之重。

1.2.2 通用质量特性

依据 GJB 5236《军用软件质量度量》，软件质量的定义为：软件实体特性的总和，表示软件实体满足明确或者隐含要求的能力。

依据 GJB 5236、GJB 451A、GJB 450B、GJB 900A、GJB 1909A 等标准，软件质量大体上可由可靠性、安全性、维护性、保障性、测试性等通用特性组成，其定义如表 1-6 所示。

表 1-6 软件通用质量特性定义

序号	特性名称	特性定义	定义来源
1	软件可靠性	在规定的条件下和规定的时间内，软件不引起系统失效的能力	GJB/Z 161
2	软件安全性	软件运行不引起系统事故的能力	GJB/Z 102A
3	软件维护性	软件在规定的条件下，可被理解、修改、测试和完善的能力	GJB 451A
4	软件保障性	软件所具有的能够和便于维护、改进、升级或其他更改和供应等的能力	GJB 451A
5	软件测试性	（软件）产品能及时并准确地确定其状态（可工作、不可工作或性能下降），并隔离其内部故障的能力	GJB 451A

1.2.3 通用质量特性工作内容

在机载软件研制生命周期中，各类软件通用质量特性工作大体上可分为指标论证分配、指标设计实现以及指标验证评估等三大部分，如图 1-2 所示。

每类软件通用质量特性的工作内容如下。

（1）软件可靠性工作

软件可靠性工作主要包括：

①软件可靠性指标论证：参考国内外同类软件所属系统的可靠性指标，结合软件特点，论证适合的软件基本/任务可靠性指标参数及指标要求，包括平均故障间隔时间（mean time between failure，MTBF）、任务可靠度等。

②软件可靠性指标分配预计：依据软件可靠性框图，借助相似产品法、综合评分法等，将系统任务/基本可靠性指标要求，向下分配或分解至软件项，包括可靠性模型构建、可靠性定量指标分配、可靠性定量指标预计、可靠性定性指标分解等内容。

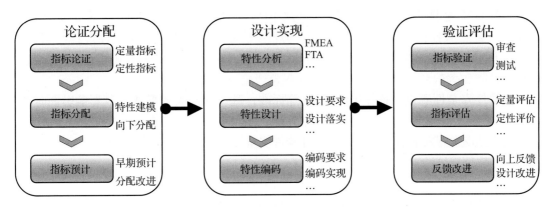

图 1-2　通用质量特性工作内容

③软件可靠性分析：依据 GJB/Z 102A、GJB/Z 1391 等标准，针对软件功能、接口、状态等需求，开展失效模式及其影响分析工作（failure mode and effects analysis，FMEA），包括失效原因分析、失效模式分析、失效影响分析与等级评估、控制措施与可靠性需求制定等内容。

④软件可靠性设计：依据 GJB/Z 102A、GJB/Z 102 等标准以及系统可靠性设计要求，重点从简化设计、结构化设计、人机交互设计、余量设计、编程规范等角度，制定软件可靠性设计与编码准则。依据准则，针对软件设计及其编码进行符合性检查。

⑤软件可靠性测试：依据 GJB/Z 161、GJB/Z 141 等标准，构造运行剖面，模拟用户实际的使用场景或方式，进而基于运行剖面进行随机抽取，实现可靠性测试用例的设计与执行，有效揭露软件运行过程中出现频率较高的失效，实现软件可靠性的快速增长。

⑥软件可靠性评估：依据 GJB/Z 161 等标准中推荐的可靠性模型，对软件可靠性测试过程中收集到的失效时间数据进行处理，以实现对软件可靠性指标（MTBF、失效率等）的定量评估与增长趋势预测，确认软件可靠性水平是否满足系统分配的指标要求。

（2）软件安全性工作

软件安全性工作主要包括：

①系统功能危险分析：依据 SAE ARP 4761 等标准，针对系统功能，识别不同工作状态与方式下的功能失效状态（FC），分析功能失效状态对系统的影响后果，并对后果进行评估分级。

②软件故障树分析：依据 SAE ARP 4761 等标准以及系统体系结构，自上而下构建软件故障树模型。针对故障树模型，充分识别导致系统功能失效状态的软件原因底事件，并形成系统向软件项分配的可靠性需求，从软件层面控制或消除系统功能失效状态的发生。

③软件失效模式及其影响分析（failure mode and effects analysis，FMEA）分析：依据 GJB/Z 102A、GJB/Z 1391、DO-178C 等标准，针对软件功能、接口、状态等需求，包括失效原因分析、失效模式分析、失效影响分析与等级评估、控制措施与可靠性需求制定等内容，识别软件需求中存在的各类安全隐患。

④软件安全性设计编码：依据 GJB/Z 102A、GJB 8114 等标准以及系统安全性设计要求，重点从容错、避错、纠错、编码规范等角度，制定软件安全性设计与编码准则，提升软件的抗干扰与健壮性能力。依据准则，针对软件设计及其编码进行符合性检查。

⑤软件安全性测试：依据 DO-178C 等标准，基于软件失效模式及其影响分析成果，设计并执行软件安全性测试用例，充分暴露软件需求中的安全性隐患，高置信度确认软件失效模式已得到有效地消除与控制，验证软件安全性需求已得到充分实现。

（3）软件维护性工作

软件维护性工作主要包括：

①维护性指标论证：参考国内外同类软件或者软件所属系统的维护性指标，结合软件特点，论证适合的维护性指标参数及指标要求，包括平均修复时间（mean time to repair，MTTR）等。

②维护性指标分配预计：依据 GJB/Z 57 等标准，借助相似产品法、综合评分法等，考虑其分系统、软件、设备组成单元的重要度、故障率、维修作业复杂度等因素，将系统维护性指标要求向下分配或分解至软件项。

③维护性设计：参考相关标准，从模块化/标准化设计、软件编码设计、用户界面设计以及软件文档设计等方面，制定软件维护性设计措施。

④维护性验证：依据软件外场试验或者运行过程中收集到的软件维修时间，对软件 MTTR 等维护性指标进行定量评估，验证软件维护性水平是否满足系统分配的指标要求。

（4）软件保障性工作

软件保障性工作主要包括：

①保障方案制订：从使用保障、维修保障以及训练保障等方面，制订软件保障方案。

②保障性设计：参考相关标准，从软件设计要求、保障资源要求以及软件保障管理要求等方面，制定软件保障性设计措施。

③保障性验证：依据软件保障方案和保障性设计措施，对软件需求、设计等文档以及软件源代码进行检查，以验证保障性设计措施是否得到有效落实。

（5）软件测试性工作

软件测试性工作包括：

①测试性指标论证：参考国内外同类软件或者软件所属系统的测试性指标，结合软件特点，论证软件测试性指标参数及指标要求，包括故障检测率（fault detection rate，FDR）、故障隔离率（fault isolation rate，FIR）等。

②测试性指标分配预计：依据 GJB 1909A 等标准以及软件组成层次框图，借助相似产品法、综合评分法等，考虑软件重要度、故障率等因素，将系统测试性指标要求向下分配或分解至软件项。

③测试性设计：参考相关标准，从日志设计、机内测试（built-in test，BIT）设计等方面，制定软件测试性设计措施。

④测试性验证：依据软件外场试验或者运行过程中收集到的软件故障次数、故障检测次数、故障隔离次数等数据，对故障检测率（FDR）、故障隔离率（FIR）等测试性指标进行定量评估，验证软件测试性水平是否满足系统分配的指标要求。

1.3 国内外相关标准

目前，已经有大量国内外相关标准针对软件质量提出了相关要求。本节将重点针对国内外航空、航天、工业等领域的软件质量相关标准进行总结与分析。

1.3.1 国外标准

国外经过多年的技术研究和工程应用，国外已经制定了系列软件可靠性安全性的相关标准。例如，航空领域的 SAE ARP 4761《民用航空机载系统和设备安全性评估过程和方法指南》、DO-178C《机载系统和设备合格审定中的软件考虑》、MIL-HDBK-516B《军用航空器适航性审查准则》；航天领域的 NASA-STD-8719《软件安全性标准与指南》、NASA-STD-8739.B《软件保障和软件安全》；军用领域的 MIL-STD-882《系统安全性实践标准》；工业领域的 IEC 61508《电气/电子/可编程电子安全系统的功能安全》；轨道交通、道路车辆、核电等领域的 EN 50128、ISO 26262、IEC 61513 等，并已在诸多系统及软件研制过程中开展了成熟应用。美国在研制 F-22 和 F-35 等军用机载软件时，明确要求依据 DO-178C、MIL-HDBK-516B 等适航标准开展软件可靠性安全性分析与验证。在民机领域，波音和空客公司也均严格依据 ARP-4761 与 DO-178C 标准开展软件可靠性安全性分析验证，并作为适航审定的核心要素。

典型国外软件可靠性安全性相关标准如表 1-7 所示。

在上述国外标准中，以航空领域的 DO-178C 标准以及航天领域的 NASA-STD-8739.B 标准最为典型。其中，DO-178C 标准发布于 2011 年，是民机机载软件适航领域的安全

表 1-7 国外软件可靠性安全性标准

标识	标准名称	领域
SAE ARP-4761	《民用机载系统和设备安全性评估过程的准则和方法》	航空
DO-178C	《机载系统合格审定过程中的软件考虑》	航空
NASA-STD-8739.B	《软件保障和软件安全》	航天
NASA-STD-8719	《软件安全性标准/指南》	航天
MIL-STD-882E	《系统安全标准实践》	军用
IEEE 1633	《IEEE 推荐的软件可靠性实践》	工业
IEC 61508	《电气/电子/可编程电子安全相关系统的功能安全》	工业
SAE JA1002 & 1003	《软件可靠性程序标准和实施指南》	汽车
ISO 26262	《道路车辆功能安全》	汽车
EN 50129	《铁路通信、信号和控制系统——信号安全相关电子系统》	轨道
EN 50128	《铁路通信、信号和处理系统——铁路控制和防护系统软件》	轨道
IEC 61513	《核电站——以安全为主的系统仪器仪表和控制系统的一般要求》	核电

标准；而 NASA-STD-8739.B 发布于 2022 年，是目前最新的软件可靠性安全性标准。这两个标准均明确提出：应采用严格的分析和测试方法，确定客观证据和结论，对整个生命周期内的关键软件产品和研制过程进行分析评估，以确保软件产品质量（尤其是可靠性安全性）满足要求。

本书对这两个标准中的软件质量相关要求进行了梳理，供读者参考使用，具体见本书的附录 A 和附录 B。

1.3.2 国内标准

在跟踪国外标准过程中，国内也形成了比较完整的软件可靠性安全性标准系列，包括军用标准 GJB 900A《装备安全性工作通用要求》、GJB/Z 102A《军用软件安全性设计指南》、GJB/Z 142《军用软件安全性分析指南》、GJB/Z 1391《故障模式、影响及危害性分析指南》、GJB/Z 768A《故障树分析指南》、GJB/Z 161《军用软件可靠性评估指南》，以及空军标 KZB 164《空军装备适航中的软件需求安全性分析与验证要求》等。典型国内软件可靠性安全性相关标准如表 1-8 所示。

表 1-8 国内软件可靠性安全性标准

标识	标准名称	领域
GJB 450B	《装备可靠性工作通用要求》	军用
GJB 900A	《装备安全性工作通用要求》	军用
GJB/Z 102A	《军用软件安全性设计指南》	军用
GJB/Z 161	《军用软件可靠性评估指南》	军用
GJB/Z 142	《军用软件安全性分析指南》	军用
KJB 164	《空军装备适航中的软件需求安全性分析与验证要求》	空军标
GB/T 20438	《电气 / 电子 / 可编程电子安全相关系统的功能安全》	工业
QAVIC 05003	《航空装备软件需求安全性分析与验证指南》	航空
GB/T 34590	《道路车辆功能安全》	汽车
GB/T 28808	《轨道交通 – 通信、信号和处理系统 – 控制和防护系统软件》	轨道

1.4 国内外研究现状及发展趋势

同样地，软件质量作为软件工程学科的重要研究方向，近年来得到了国内外学者的密切关注，成为研究热点。因此，本节针对近年来的国内外软件质量的研究情况与未来发展趋势进行总结与分析。

1.4.1 研究现状

软件可靠性安全性工程和技术管理在国外很早就得到了重视，美国国防部和欧空局以及为它们提供产品和服务的公司先后形成了一系列报告和论文，依托的高校有麻省理工学院、加州大学、明尼苏达大学等。但是，机载软件可靠性安全性等质量控制技术具有前沿性以及应用敏感性，国外资料很少系统、详细地展示其研究及典型应用成果，已有和在研的软件可靠性安全性工具平台和数据库也对我国实施了不同程度的技术封锁。

软件可靠性安全性研究在我国处于起步阶段，已经有部分高校和研究所开展了相关技术研究与工程应用，但是科研水平和人才储备还难以满足日趋活跃的机载关键软件可靠性安全性需求。

2007 年底，国家自然科学基金委员会正式启动"可信软件基础研究"。项目周期为 6 年，指出必须在以下四个领域进行研究探讨：

（1）研究高可信系统的支撑理论和科学基础。

（2）研究构建高可信系统基础和大型高可信系统的工具和技术。

（3）高可信系统工程和实验。

（4）基于特定用户领域的高可信技术实验项目。

陈火旺院士全面论述了高可信软件工程技术的现状、需要解决的问题和发展趋势，指出形式化方法对软件可信性的获得和保证具有不可替代的作用，基于自动化工具支持的"轻量级"形式化方法将是其工程化的趋势。

美国国家航空航天局（National Aeronautics and Space Administration，NASA）的兰利研究中心和美国联邦航空局的合作项目认为准确交流和沟通需求是安全关键软件项目中众多现存挑战的根源。罗克韦尔公司和明尼苏达大学的合作项目指出不完整、不准确、模糊和多变的需求是软件工业的痼疾，基于模型的开发和形式化方法的使用为安全关键系统的开发者提供了一个新的强有力的早期需求确认手段，同时用实例证明了在软件需求阶段使用形式化方法验证需求的成本是合理的。在 2007 年举办的国际软件工程大会上，明尼苏达大学的海姆达尔（Heimdahl）教授指出，安全关键软件面对的挑战包括证明可靠性安全性需求有效的能力，以及必须为需求的满足提供可验证的证据。

本书首先针对航空、航天、车辆、轨交等领域较为主流且成熟的软件可靠性安全性技术分别介绍如下。

1.4.1.1　基于 STAMP 理论的软件可靠性安全性分析验证

对于具有复杂逻辑的软件产品来说，其导致系统危险的原因，不仅仅是非法数据、通信中断等单点失效，还可能是软硬耦合冲突、人机交互异常、外部环境干扰、功能并发冲突等无失效情况下的复杂行为。例如，某型发动机控制软件的点火控制功能向活门发出开指令，同时放气控制功能向活门发出关指令，且活门均正确响应了两个功能的控制指令。此时，软件功能与活门都没有出现失效，但由于两个功能同时对活门进行互斥控制，活门处于开关交替状态，从而导致系统点火任务和放气任务都未有效完成。

基于这个思想，麻省理工学院的南希·G. 莱韦森（Nancy G. Leveson）教授在 2002 年提出一种新的系统可靠性安全性分析模型，即系统理论事故模型及其过程（system-theoretic accident modeling and processes，STAMP）。STAMP 是一种事故因果推理模型，其认为系统可靠性安全性不仅与系统各组成项的单点失效有关，还与组成项之间的交互、组合等复杂关系有关。STAMP 模型将系统可靠性安全性视为一个控制问题，即要求系统进行某种控制，以确保系统运行在安全范围内，避免进入危险状态。

这里的"某种控制"指的是系统对组成项及其交互关系提出的安全约束条件。一旦系统无法有效实现这些约束条件，则系统运行失去安全控制而导致危险。安全约束条件不仅是为避免组成项出现单点失效而提出的设计约束，更是针对组成项之间的交互关系（例如，人机交互关系、软硬耦合关系等）提出的设计约束。简而言之，在STAMP模型中，系统危险更多是由于组成项之间的复杂相互作用，导致可靠性安全性设计约束被违背所引起的，而不仅仅是组成项单点失效引起一连串的子事件所导致的功能丧失。

（1）方法概述

基于STAMP模型理论，南希·G.莱韦森教授进一步提出了用于危险致因分析的系统理论过程分析方法（system-theoretic process analysis，STPA），并将其应用于TCAS Ⅱ防撞系统的安全性建模与分析。主要包括如下几个过程。

步骤1：识别系统危险。

可通过初步危险分析或历史数据，获取与系统相关的危险状态清单。

步骤2：识别系统安全相关需求及安全性约束。

识别出系统危险后，应识别出用于防止这些危险发生的系统安全相关需求或安全约束条件。安全约束条件要求系统进行某种控制设计以避免系统进入危险状态。

步骤3：定义系统控制结构模型图。

为了将安全约束条件有效地落实于系统需求或设计，需要构建系统控制结构模型。一个有效的控制结构模型至少应包含五类要素：①控制器；②执行机构与传感器；③控制反馈；④其他外部输入输出数据（不包括反馈信号）；⑤控制过程。同时，能够以这些要素来刻画系统安全约束条件。

系统控制结构模型可以图形、表格等不同方式加以展示，只要能覆盖上述五类要素即可。其可用来刻画系统的动态控制过程、组成项交互关系、运行环境等信息，为系统安全约束条件的违背识别（即系统不安全控制行为识别以及致因场景分析），提供对象依据。除了上述五类要素之外，根据实际需要，还可在系统控制结构模型中增加外部环境（电磁干扰等）、系统工作状态等信息。

步骤4：识别不安全的控制行为。

不安全的控制行为（unsafe control action，UCA）指的是在特定场景以及最坏环境下可能导致危险的控制行为。可基于安全约束条件和控制结构模型，分析系统控制过程中可能产生的不充分或异常行为，即不安全的控制行为，主要包括如下四种类型：

①没有提供必需的控制行为。例如，在没有设定自动刹车的情况下，没有提供人工刹车动作，导致飞机无法制动而冲出跑道。

②提供不正确或不安全的控制行为。例如，提供的刹车动作（人工、自动）不充分或者不准确，导致飞机无法制动而冲出跑道。

③控制行为开始的时间过晚或过早。例如，在飞机落地前就提供了刹车控制，导致飞机失控且机轮过热。

④控制行为结束的时间过晚或过早。例如，刹车动作（人工、自动）持续时间过长，造成刹车温度过高。

步骤5：识别导致不充分的控制行为的原因，即致因场景。

该步骤主要是针对系统控制结构模型进行分析，从系统输入数据、控制过程、与外部交联设备或操作人员之间的交互关系、工作状态、环境因素等角度，识别导致UCA的各类原因或场景，为系统设计改进和完善提供依据。主要包括如下几种类别：

①软硬耦合异常

a. 软件输出的控制指令未得到执行机构实时响应。

（a）执行机构未响应控制指令。

（b）执行机构滞后响应控制指令。

b. 软件输出的控制指令未得到执行机构正确响应。

（a）执行机构未正确响应控制指令，运动过快或过慢。

（b）执行机构未正确响应控制指令，处于物理极限位置。

②人机交互异常

针对与控制行为相关的人机交互操作进行分析，识别可能出现的异常（例如，误操作、快速操作、非法操作等）。主要包括：

a. 操作人员重复输入控制指令，导致控制行为重复执行。

b. 操作人员快速按压按钮或开关时，导致控制行为错误执行。

c. 操作人员在执行关键操作之前未进行确认，导致控制行为错误执行。

d. 操作人员输入未定义的指令或字符，导致控制行为错误执行。

e. 允许非授权的操作人员进行控制，导致控制行为非法执行。

③功能并发冲突

针对多项软件功能的并发行为进行分析，识别由于多项功能对同一个输出数据进行赋值或者对同一机构进行控制导致的并发冲突。主要包括：

a. 多项功能对同一个输出数据进行赋值，导致输出数据取值冲突。

b. 多项功能对同一个执行机构进行控制，导致执行机构行为冲突。

④状态转移异常

在软件控制过程中，针对软件工作状态之间的转移进行分析，识别由于工作状态转移导致的各类异常。主要包括：

a. 在软件控制过程中，工作状态发生转移，导致控制过程异常中断。

b. 在软件控制过程中，工作状态重复进入，导致控制过程重新执行。

⑤外部环境干扰

在软件控制过程中，针对外界环境中的各类干扰信号进行分析，识别由于干扰信号导致的控制异常。主要是在软件控制过程中，受到电磁干扰，输入数据取值发生变化，导致控制过程异常中断。

⑥不安全的控制过程

a. 不适当的控制律算法。

（a）控制律算法运行的错误（例如，数据溢出、输出超限等）。

（b）控制律算法存在的安全漏洞（例如，除零错误等）。

（c）控制律算法的性能下降等。

b. 不适当的输入输出数据。

（a）数据取值异常。

（b）数据时序异常。

（c）数据通信异常等。

　c. 不适当的控制逻辑。

（a）重复响应上位机或人员输入的控制信号。

（b）控制执行时间超时。

⑦不适当的控制反馈信号

　a. 控制反馈信号时序异常。

（a）控制器未接收到反馈信号。

（b）控制器提前接收到反馈信号。

（c）控制器滞后接收到反馈信号。

　b. 控制反馈信号取值异常。

（a）控制反馈信号取值大于上边界或者小于下边界。

（b）控制器接收无法识别的反馈信号。

⑧不安全的控制器行为

（a）与控制器相关的故障（软件所在设备）。

（b）控制器电源故障。

（c）控制器死机等。

（2）方法特点

STAMP 模型主要针对系统的闭环控制行为进行建模分析，将系统不仅视为一种静态的设计，而且视为一种动态的控制过程。其不断根据运行方式，以及对自身和环境变化的反映，进行适应性调整。初始设计不仅仅在行为上实现合适的约束以确保安全运行，而且还随时间不断调整和改变以安全地运行。

在整个控制过程中，系统被视为关联部件的集合，这些部件通过信息反馈与控制保持动态运行平衡。因此，在 STAMP 模型中，系统不是静态的，而是一个根据外部激励不断改变来满足要求的动态过程。在控制过程中，系统要根据外部激励来实施相应的设计约束，以确保系统运行在安全的范围内。基于这种动态控制过程的视角，系统危险更多是由于功能或部件之间的相互作用导致系统安全性约束条件被违背引起的，而不仅是初始事件（即根节点原因）引起一连串的子事件导致的功能丧失。换言之，系统安全性可以理解为控制过程中产生的问题，即故障是由于功能或部件失效、外部扰乱、功能或部件交互没有进行足够的控制而产生的。

（3）方法适用范围

STAMP 模型及相应的 STPA 方法更适用于具有典型控制过程的安全关键系统，如机载飞行控制软件等。借助 STAMP 控制过程模型，可高效识别软硬件之间、设备之间由于控制交互而导致的系统故障。

1.4.1.2　基于 Petri 网的软件可靠性安全性形式化分析验证

Petri 网是一种既有坚实数学基础又有图形描述能力的系统建模方法，适合对具有并发、异步、分布式和随机性等特征的复杂系统进行建模。由于 Petri 网具有简洁、直观、潜在模拟能力强等特点，其已被广泛应用于各个领域进行系统的建模、分析和控制，如通信协议的验证、网络性能分析、并行程序的设计等。

（1）方法概述

Petri 网采用位置（Place）、转移（Transition）、弧的连接来表示系统的静态功能和结构。同时，Petri 网本身包含执行控制机制，通过转移的点火（Fire）和令牌（Token）在位置中分布的改变来描述系统的动态行为。只要满足给定的条件或约束，其模型就将自动地进行状态转换。这种因果关系作用下的推演过程可充分体现系统的动态运行特征。

基本 Petri 网是由一个三元组 $N=（P，T，F）$ 组成

$$N=（P，T，F） \tag{1-1}$$

其中，$P=\{p_1，p_2，\cdots，p_n\}$ 是有限位置集合；$T=\{t_1，t_2，\cdots，t_n\}$ 是有限迁移集合（$P\cup T \neq \phi$，$P\cap T=\phi$）；$F\subseteq（P\times T）\cup（T\times P）$ 为流关系。

位置集和迁移集是 Petri 网的基本成分，流关系是从它们构造出来的。在图形表示中，用圆圈表示位置，用黑短线或者方框表示迁移，用有向弧表示流关系。

Petri 网除了具有以上的静态结构外，还包括描述动态数据交互行为的机制。这一特征是通过允许位置中包含令牌，同时令牌可以依据迁移的引发而重新分布来实现数据流动的描述。具有动态特征的位置 / 迁移 Petri 网定义如式（1-2）所示。

$$\mathbf{PN}=（P，T，F，K，W，M_0）=（N，K，W，M_0） \tag{1-2}$$

其中，$N=（P，T，F）$ 是一个基本 Petri 网结构；$K：P\to Z^+\cup|\infty|$ 是位置上的容量函数（Z^+ 是正整数集合），规定了位置上可以包含的令牌的最大数目。对于任一位置 $p\in P$，以 $K（p）$ 表示矢量 K 中位置 p 所对应的容量，若 $K（p）=|\infty|$，表示位置 p 的容量为无穷；$W：F\to Z^+$，是数据流关系上的权函数，规定了令牌传递中的加权系数。对于任一弧 $f\in F$，以 $W（f）$ 表示矢量 W 中弧 f 所对应的分量；$M：P\to Z$（非负整数集合）是位置集合上的标识矢量。对于任一位置 $p\in P$，以 $M（p）$ 标识矢量 M 中位置 p 上的标识或者令牌数目，并且必须满足 $M（p）\leqslant K（p）$。M_0 是初始标识矢量。

在 Petri 网的图形表示中，对于弧 $f\in F$，当 $W（f）>1$ 时，将 $W（f）$ 标注在弧上，当 $W（f）=1$ 时，省略 $W（f）$ 的标注；当一个位置的容量有限时，通常将 $K（p）$ 写在位置 p 的圆圈旁。当 $K（p）=\infty$ 时，通常省略 $K（p）$ 的标注。标记或者令牌用位置中的黑点或者数字来表示，同一位置中的多个标记代表同一类完全等价的个体。标识矢量标识了令牌在位置中的分布。

（2）方法特点

①可实现系统动态行为的建模与分析

目前，传统软件可靠性安全性分析方法中所采用的模型，例如，可靠性框图、事件序列图、故障树模型等，多数只能描述系统的静态结构和行为，而对于系统状态或数据流随时间的演化以及部件故障时序等因素对系统安全性的影响则很少涉及。因此，这些传统模型或方法对具有动态或时间特性的系统行为描述能力很有限。而 Petri 网综合了数据流、控制流和状态转移，能方便地描述系统的分布、并发、同步、异步等特性，易于识别由于并发冲突、时序异常等引发的系统故障。而这些故障往往可以由人员对系统进行干预和控制，体现人与系统的交互性。同时，Petri 网用令牌在网上的分布变化来表示系统资源的重新分配，作为交互的媒介，也统一了内外事件的格式。

Petri 网使用代数分析技术来刻画系统结构，建立状态可达的线性系统关系。同时，Petri 网借助图形化建模方法，展现系统运行机制，对状态之间的复杂转移关系进行辅助建模与推理分析。而 Petri 网的归纳分析技术，可缩小系统的可达状态空间，降低复杂系统

状态组合爆炸问题出现的概率。Petri 网不仅有图形化直观的模型表达，也有严谨和形式化的数学分析过程。其不仅能单独对系统进行建模，还能将系统模型转换为其他理论表达形式，具有强大的建模表达以及分析验证能力。

②易于扩展，不断增强系统安全性建模能力

Petri 网具有严密的数学逻辑及形式化描述能力，非常易于进行扩展。因此，在基本 Petri 网的基础上，很多研究学者从不同角度进行扩展性研究，增强 Petri 网的建模能力，从而可以描述多种系统运行特征，实现对动态或时间特性等复杂系统行为的充分描述，辅助分析人员识别各类动态复杂系统故障。主要包括：

a. 时间 Petri 网模型

在基本 Petri 网模型中引入时间的因素。主要包括两种类型，一类是时延 Petri 网，规定每个变迁都具有有限的引发时延。另一类是时间 Petri 网模型，规定每个变迁都对应着一个时间区间。任何一个变迁，当它使能滞后，在时间区间内便具有了连续的使能权。这种 Petri 网模型适用于具有实时性要求的关键系统，验证这类系统由于时间无法满足要求而导致的故障。

b. 时序逻辑 Petri 网模型

在 Petri 网中增加对事件之间的因果关系、时序关系等信息的描述，增加了 Petri 网对于系统事件间（软硬件之间、功能之间等）时序约束条件的建模与推理能力。这种 Petri 网模型适用于运行过程中具有严格时序约束关系的复杂系统，能够自动对系统运行过程中由于时序逻辑考虑不充分而引发的复杂系统故障，如并发冲突、时序混乱等。

c. 高级 Petri 网模型

这种模型将基本 Petri 网中的某种属性赋予标记或扩展含义，以表达更多的信息，例如，着色 Petri 网、谓词 / 变迁 Petri 网等。基本 Petri 网中的权函数无法体现判断、循环、优先级等软件行为语义。而软件系统在激发迁移条件时，往往还具有等于、大于、小于等逻辑关系。因此，可借助高级 Petri 网模型，对位置、转移等基本元素进行增强描述，实现对软件行为的特殊标记或扩展，满足安全性建模分析的需要。

d. 随机 Petri 网模型

时延 Petri 网中的时延值如果采用随机变量来描述，就得到随机 Petri 网模型。多数随机 Petri 网模型是建立在状态空间与马尔可夫链的基础上，具有坚实的数学基础，可为系统性能分析验证提供支撑。在随机 Petri 网基础上，又提出了混合随机 Petri 网模型。这种模型将位置和变迁区分为连续和离散两种类型，以表征连续变量过程和离散事件过程，同时引入抑制弧，增强建模能力。在混合随机 Petri 网中，离散事件和连续变量被置于单一的框架内来考虑，易于分析两类变量间的交互作用，适用于具有连续和离散特性的复杂系统。

（3）方法适用范围

综合上述分析可知，基于 Petri 网的软件可靠性安全性分析方法综合了数据流、控制流和状态转移等系统特征，适用于具有并发、同步、异步、时序等运行事件特性的安全关键系统，例如，通信系统、网络分布式系统、自动控制系统等，在铁路、航空、航天等多个领域得到应用。借助 Petri 网原理和形式化方法，可对软件所有可能的状态转移路径或数据流动路径进行充分覆盖，并自动分析状态转移或数据流动过程中出现的各类时序异常、资源抢占、并发冲突等系统故障。

1.4.1.3　基于 AltaRica 语言的软件可靠性安全性分析验证

AltaRica 是一个以卫式转换系统为语义基础进行系统安全行为建模与分析的形式化语言工具，已在航空电子设备系统架构安全评估中得到应用。AltaRica 模型可以分为语法与语义两个层面。其中，语法层面的表示形式是将系统建模为具备层次结构的节点（node）集合，每个节点具有多个状态、事件、转换、输入 / 输出、数据变量等特征，其具体的行为可以用类似自动机的方法或形式进行描述。图 1-3 给出了 AltaRica 中一个节点组件的模型示例，它描述了组件具有工作、维修和失效三种状态。当组件处在工作状态时，如果发生失效事件，那么组件会转移到失效状态。其他迁移按照同样的方式进行。

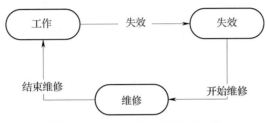

图 1-3　AltaRica 图形化建模示例

（1）方法概述

AltaRica 在语义层面上是一个卫式转换系统的形式化模型。节点（node）是 AltaRica 模型的基本组成部分，其他语法元素都定义在节点内。节点根据是否含有子节点分为 Equipment 类型的节点和 Component 类型的节点。通用的节点用九元组 N 表示

$$N=<E,\ S,\ F,\ I,\ T,\ P,\ N_1\cdots N_n,\ A,\ V> \tag{1-3}$$

式中：E——节点中事件的集合；

S——状态变量的集合；

$F=F_1\cup F_0$——数据流变量的集合，F_1 和 F_0 分别为输入流变量和输出流变量，且 $F_1\cap F_0=\varnothing$；

$I(S)$——初始状态；

$T(S,\ F_1,\ \Gamma_E,\ S')$——转换公式，其中 Γ_E 表示当前事件 E 发生，其中 dom（Γ_E）= E；$P: F_0->$Expr（S）是状态变量表达式与输出变量的映射；

对于 $\forall_i=1,\ 2,\ \cdots,\ n$，九元组 N 中的 $N_i=<E_i,\ S_i,\ F_i,\ I_i,\ T_i,\ P_i,\ N_{i1}\cdots N_{im},\ A_i,\ V_i>$，当 $m\geqslant 0$ 时，N 中包含零个或多个 AltaRica 节点；

A——流变量不变式的断言区；

V——两个及两个以上事件之间的同步关系。

对于九元组 N：当 $S=\varnothing$，$I=$True，$T=$True 且对于任意的 $f\in F_0$，有 $P(f)=$True，N 为 Equipment 类型节点；当 $n=0$，$A=$True 且 $V=\varnothing$，N 为 Component 类型节点。

（2）方法特点

传统的软件可靠性安全性分析方法，如故障树分析法（fault tree analysis，FTA）、FMEA、马尔可夫过程等，与系统规约形式之间还存在着较大差距。AltaRica 建模语言可以较好地沟通系统规约形式与建模设计间的形式化问题。随着嵌入式系统的复杂度越来越高，嵌入式系统也变得多组件化。组件间交互以及依赖关系的设计成为嵌入式系统安全

性分析的关注点。从 AltaRica 模型的语法语义来看，其可以针对复杂系统的工作状态、数据流信息进行图形化与形式化建模。其 DataFlow 元素能够很好地描述功能或组件之间的交互关系以及依赖关系，而 State 元素则可以很好地描述状态之间的转移关系。同时，其可以使用线性时序逻辑（line temporal logic，LTL）、计算树逻辑（computation tree logic，CTL）、一阶谓词逻辑等形式化方法对功能或组件之间的依赖关系、状态之间的转移关系进行规约性描述，形成面向验证的安全属性或规则，在此基础上，转换为 Promela 模型，再借助模型检验工具 SPIN 来进行自动化的安全性验证。或者借助 AltaRica 语言对系统故障行为进行建模，进而转换为故障树模型，借助故障树分析系统的故障异常行为。因此，AltaRica 是一种面向故障逻辑的形式化建模语言，其自身易于修改和维护，将系统设计过程与故障分析过程结合在一起，建立统一的系统模型转换方法并结合形式化分析技术提高系统安全性分析的规范性和有效性。

综合国内外现有研究成果，AltaRica 模型在安全性分析验证中的应用方式主要有如下两种类型：

① AltaRica 模型转换为故障树模型

步骤一：系统需求行为建模。

使用 SYSML/MARTE 建模方法对复杂系统架构及运行特征进行建模，作为分析验证的源模型。很多文献都是基于 SYSML/MARTE 方法对系统需求进行建模，再依此开展后续的建模分析工作。需要注意的是，此步不是必需的。有时也可直接采用 AltaRica 语法对系统行为进行图形化建模。

步骤二：转换为 AltaRica 形式化语义模型。

借助映射算法，将 SYSML/MARTE 模型或者 AltaRica 语法模型转换为 AltaRica 形式化语义模型。多数文献研究的核心内容都是如何建立这种模型转换引擎机制，以最大限度地将系统需求模型中包含的信息转化为 AltaRica 语义模型，从而为后续验证提供基础。

步骤三：转换为故障树模型。

将 AltaRica 模型中的元素（例如，状态变量或者流变量）与故障树元素建立映射关系，从而自动获得系统行为的故障树模型，依此开展基于故障树的安全性分析工作。很多研究成果，包括安全性分析工具（例如，SimFia）都针对此转换关系进行研究。

步骤四：基于故障树开展安全性分析。

最后，分析人员依据所生成的故障树模型开展故障树分析工作，也可借助某种成熟的故障树工具进行自动化的系统安全性分析验证工作，例如，XFTA 工具等。

② AltaRica 模型转换为 Promela 模型（第三方工具建模语言）

步骤一：系统需求行为建模。

与上一种方式类似，先使用 SYSML/MARTE 建模方法对复杂系统架构及运行特征进行建模，作为分析验证的源模型。同样，此步不是必需的。可直接采用 AltaRica 语法对系统行为进行图形化建模。

步骤二：转换为 AltaRica 形式化语义模型。

映射算法可以将 SYSML/MARTE 模型或者 AltaRica 语法模型转换为 AltaRica 形式化语义模型。

步骤三：借助 LTL 等逻辑语义的安全规约描述。

在 AltaRica 形式化模型基础上，线性时序逻辑、计算树逻辑、一阶谓词逻辑等形式化语义对功能或组件之间的依赖关系、状态之间的转移关系进行规约性描述，形成面向验证的安全属性或规则。此步是该验证框架中的核心内容。

步骤四：借助自动化工具进行安全性分析验证。

SPIN 工具是一种基于形式化方法的模型检测工具，能够对系统性质进行严格的穷尽分析。而 AltaRica 模型则能够很好地描述系统功能或组件之间的交互及数据传递，以及工作状态的转换。因此，针对复杂系统的安全性验证可以将 AltaRica 模型和 SPIN 工具相结合。但 SPIN 工具不能直接识别 AltaRica 模型，所以需要先将 AltaRica 模型转换为 SPIN 工具下的 Promela 模型，从而完成系统安全性自动化验证分析工作。

（3）方法适用范围

基于上述分析可知，AltaRica 建模方法可有效针对系统功能或组件之间的交互关系、依赖关系进行图形化建模，并描述系统工作状态之间的转换方式。其既具备图形化语法建模功能，同时自带对应的形式化语义，能够完成对系统故障行为的充分描述，可以很方便地将系统设计和安全性分析工作相结合。因此，基于 AltaRica 的系统安全性建模方法适用于具有多个组件或功能，组件或功能之间存在着交互和依赖关系，并且工作状态转移特征明显的复杂系统。其具有灵活的语法语义，可方便地与 SYSML、Petri 网等其他建模语言相互转换与结合，从不同角度对系统的故障行为进行充分分析验证。AltaRica 目前已经在 SimFia 工具中得到成功应用，可生成图形化的故障树模型，进而开展安全性分析及验证工作。

1.4.1.4　基于系统事故推演模型的软件可靠性安全性分析

目前广泛应用的事故分析方法，如事件树分析法（event tree analysis，ETA）/FTA 等，是用链的方式描述从初因事件到事故的过程，链中的事件一般是线性的因果关系。概率风险评估（probabilistic safety assessment，PSA）实际是主逻辑图、事件序列图、故障树和事件树等方法的综合应用。因此，有专家学者提出系统事故推演模型，目的是通过描述系统各部分状态变化及其之间的耦合关系，明确系统的安全状态空间和事故空间，找出从安全状态到事故的系统演变轨迹，从而揭示事故的成因、演变过程及结果。

现有的系统事故推演建模方法主要有如下几种类型：

（1）基于混合动态系统理论的事故过程建模

这种建模方法认为事故过程的动态行为不仅具有离散特征，还包含体现系统性能的物理过程变量在控制措施下的动态运转。其对系统事故过程的离散动态特性和连续动态特性分别予以描述。

①事故过程的离散动态特性：事故过程的研究对象是危险发生后，采取人员应急操作或装备自动保护等一系列具有时序性、规则性的调节措施，系统状态被控制在安全范围内或超出安全范围发生事故的这一过程，是系统状态运转的过程。这两种行为均在离散的时间点上发生，可视为具备离散特征的序列。

②事故过程的连续动态特性：事故过程是系统状态的运转，体现了系统状态在系统调节措施下从危险状态运转到安全或事故状态的动态特征。系统安全或事故采用状态变量来度量，当系统状态变量位于安全界限内时系统安全，超出安全界限则发生事故。因此，事故过程中的系统状态变量呈现动态特征。

在事故过程中，系统的离散与连续动态特性具有新的交互特性。一方面，人员操作、装备故障、环境变化等事件都发生在特定的时间点上，导致系统的状态呈现离散跳变，系统状态变化使系统连续状态变量服从的连续规律也发生变化。另一方面，当表现系统特征的系统连续状态变量满足一定条件时，也会驱使系统状态发生改变。因此，事故过程中包含的离散和连续动态过程是相互影响的。

综合上述理念，基于混合动态系统理论的事故过程建模需要实现以下三个内容：

①描述系统状态的离散变化。

②描述状态变量的连续变化。

③离散状态与连续状态变量相互作用，从而推动模型运转，充分描述事故过程所呈现的离散、连续特征交互作用的混合动态特性。

（2）基于系统涌现特性的事故过程建模

这种建模方法的核心理念在于：基于系统学理念，安全性是系统的一种涌现特性。组成系统的各部分是相互耦合的，系统各部分及其关系的整体涌现如果在系统安全边界范围之内，则系统表现为安全。反之，则系统表现为事故。因此，系统事故演变过程中，不存在固定的事件序列，只要在某一时空范围内，存在人、机、环境等多种因素，各种因素相互作用，事故就会发生，即从系统的角度来探索事故的归因，提出安全区域的概念，并和事故控制紧密结合。

这种建模方法从如下几个角度反映了复杂系统故障状态演变过程特性：

①动态性：系统多维状态空间通过描述系统在时间维度上的变化，反映了系统状态随着时间而发生改变的动态特性。

②并发性：系统各部分的状态改变可能是同时的，系统可能有多个事件同时发生。在多维状态空间中，每一个系统维度各自随时间变化，从而描述系统的并发性。

③不确定性：影响系统安全的各组成部分，如人的操作行为和设备故障等具有随机性，使得系统从安全状态到事故状态的演变呈现出不确定性。因此，同一时刻点对应的系统状态，不是一个点，而是多个点的集合。

④耦合性：系统各组成部分是相互依赖、相互制约的。这种关系一方面形成系统的功能，另一方面却使各组成部分的变化影响到其他组成部分甚至整个系统的状态变化。而这种变化可能就是从安全到事故的变化。多维状态空间中的各系统维度间的关联关系，体现了系统内部的耦合性。

1.4.1.5 基于预期功能安全的软件可靠性安全性分析验证

随着嵌入式软件功能越来越复杂，很多安全问题并不一定仅仅由于系统功能或接口的单点失效而引起，而是由于系统自身设计存在局限性，对于外部环境、软硬耦合、人员操作等因素的认识不足而导致的失效。传统功能安全技术着重系统单一组成项的静态失效分析，而对于嵌入式系统软硬耦合异常、无失效原因的危险溯源、动态控制行为异常、交联设备异常干扰、多组成项失效组合等分析缺少支撑，难以满足复杂嵌入式系统及其软件的高安全高可靠要求。

例如，传统功能安全倾向于将人员误操作、复杂场景交互等可能引发系统功能不足的因素排除在系统设计范围之外，导致很多嵌入式软件虽然经历了大量的软件测试工作，但是在实际运行时仍然会出现许多非系统组成项（硬件项、软件项）失效而引发的危险行为。例如，2022年，由于国内地铁站机务人员误操作，导致地铁屏蔽门出现夹人伤亡事故；2019 年，波音 737MAX 自动驾驶系统与飞行员争夺控制权导致坠机事故等。

为解决传统功能安全技术在自动驾驶系统研制过程中存在的不足或问题，在自动驾驶汽车领域首先提出预期功能安全（safety of the intended function，SOTIF）的概念。依据标准 ISO 26262《道路车辆功能安全》以及 ISO 21448《道路车辆预期功能安全》，预期功能安全的定义如下：系统不存在由于危险而导致的不合理风险。其中，危险是由于系统预期功能不足（设计不足或性能局限）或合理可预见的人员误操作引发的。

依据上述定义，SOTIF 着重解决如下问题，即在系统组成项无故障的前提下，由于系统预期存在设计不足或者性能局限，在遇到一定的触发条件（如环境干扰、人员误操作等）时，引发系统进入危险状态，进而导致不合理或者无法预期的风险。SOTIF 强调系统设计人员应通过分析、测试等手段，将系统功能的设计不足或者性能局限导致的风险，控制在合理可接受的范围内。

预期功能安全与功能安全类似，都需要通过完整且严格的分析验证过程要求来保障系统的安全能力。构建过程的本质在于将大量技术活动都归纳于若干步骤，转化为执行性高、可复现的操作指南，最大程度上规避因人员能力或经验差异而导致工作结果的不一致。参考标准 ISO 21448，预期功能安全分析验证过程需要贯彻"迭代"的概念，如图 1-4 所示。

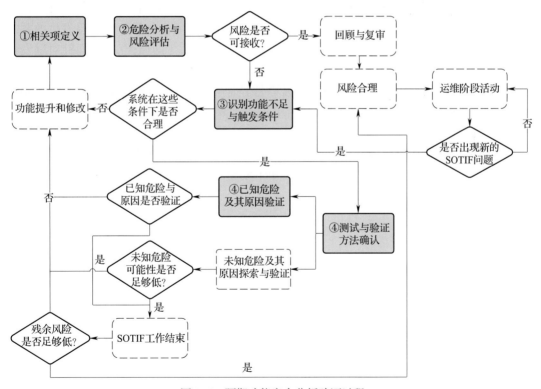

图 1-4　预期功能安全分析验证过程

依据图 1-4 中展示的几项关键活动，本书介绍基于预期功能的软件可靠性安全性分析过程如下：

（1）相关项定义

依据 ISO 26262 相关章节，基于系统或软件功能需求以及设计，确定本次预期功能安全分析验证的对象是一项关键技术活动。针对该项活动，可以依据航空机载软件需求设计，从控制过程、功能逻辑、外部接口、交互关系、运行场景等角度进行 SOTIF 安全建模，更加规范且直观地对相关项进行定义，并为后续分析验证工作提供基础输入。

（2）危险分析与风险评估

依据相关项定义，参考功能安全中的危险分析技术，识别系统危险及其影响，并进行风险等级评估，即针对系统功能，分析其输出可能导致的异常情况，依此识别系统危险，并分析危险的影响情况和等级。同时，针对系统危险，从危险可能性和严重性两个角度，评估当前系统的风险等级。

此项技术涉及一个问题，即预期功能安全与功能安全的危险原因是不同的，那么是否还可以参考功能安全中的相关技术方法来支撑预期功能安全技术研究呢？有研究成果表明，在现阶段，答案是肯定的。这是因为预期功能安全是功能安全的一种扩展和补充，即二者的原理和目标是相同的（消除系统危险，控制风险在合理可接受的范围内），只是手段和内容有所不同（SOTIF 关注如何分析验证系统组成项失效导致的危险原因，而功能安全则关注如何分析验证系统组成项失效导致的危险原因）。

（3）识别功能不足与触发条件

如果系统危险的影响等级过高（即不可容忍），此时需要分析导致该危险发生的系统功能不足，并进一步分析引发系统功能不足的可能触发条件（即原因）。进而针对触发条件制定相应的安全性需求，以消除危险，降低系统运行风险。可针对系统危险以及 SOTIF 安全模型，识别预期功能安全影响因素以及软件异常控制行为，进而分析导致异常控制行为的各种可能原因，最后针对原因制定相应的安全性需求。

（4）针对已知危险及其原因的测试验证

在 ISO 21448 标准中，将 SOTIF 下的系统运行场景分为四个区域，即已知安全场景（区域1）、已知不安全场景（区域2）、未知不安全场景（区域3）和未知安全场景（区域4），如图 1-5 所示。

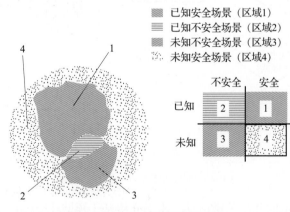

图 1-5　SOTIF 系统运行场景

其中，区域 1 和区域 4 不是 SOTIF 关心的内容。区域 2 和区域 3 则是 SOTIF 需要解决的问题，即充分识别系统运行过程中的各种危险及其原因（功能设计不足、性能局限或者人员误操作等），尽量将区域 2 和区域 3 转化为区域 1 或者区域 4。因此，需要针对区域 2 和区域 3，开展 SOTIF 测试验证工作，验证已知不安全场景和未知不安全场景是否得到有效识别与消除，如图 1-6 所示。

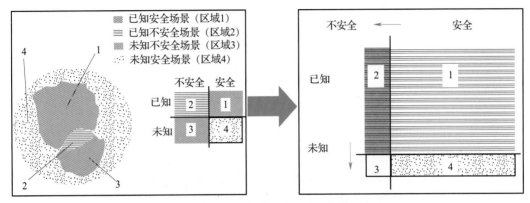

图 1-6　SOTIF 工作后的区域转换趋势

其中，对于区域 2，可通过已知系统危险及其原因的测试验证，发现并排除系统设计不足或性能局限，将区域 2 转化为区域 1。针对该项活动，可开展基于场景驱动的机载软件预期功能安全测试，即基于功能预期安全分析结果，构建 SOTIF 测试场景，设计 SOTIF 测试用例，充分验证识别的系统危险及其原因是否得到有效的控制和消除。

对于区域 3，则需要针对未知系统危险及其原因进行测试验证。但已有研究指出，未知系统危险及其原因难以识别验证，也难以量化评价，是 SOTIF 领域还无法解决的痛点之一。目前只能依赖于长时间、大量的测试活动来完成，通过近乎极限的验证工作量，来发掘极小概率的未知极端场景。

需要说明的是，在 SOTIF 分析验证过程中，除了上述四项活动之外，还有"回顾与复审""运维阶段活动""功能提升和修改"等活动。但是这几项活动与预期功能安全分析验证不直接相关，不是本书关注的重点，所以本书将不针对这些活动进行说明。

1.4.2　发展趋势

作者针对近年来（2017—2023 年）的国际软件可靠性工程年会、电气与电子工程师协会（IEEE）可靠性期刊、IEEE 软件工程期刊、可靠性工程与系统安全杂志、美国航空航天学会（AIAA）年会、《软件学报》、《计算机学报》、计算机研究与发展、《航空学报》等400 余篇国内外顶级期刊 / 会议论文进行调研分析后，发现软件可靠性安全性的发展趋势主要体现在如下几个方面：

（1）引入新技术：在软件可靠性安全性分析验证研究和应用工作中，逐步引入人工智能、深度学习、模型驱动、知识驱动、信息安全、新型测试技术、系统事故理论、形式化验证、预期功能安全等新型技术方法。

（2）应用新对象：软件可靠性安全性分析验证的应用对象则由传统软件，逐步扩展至智能系统（自主驾驶系统等）/算法模型（神经网络等）、手机 APP 系统、复杂网络系统、开源软件、云平台、网络软件、基础软件、大规模系统软件等。

软件可靠性安全性热点方向及其典型技术总结如下。

方向 1：智能系统／算法测试、可靠性安全性技术。

方向 1 的热点方向及其典型技术总结如下。

（1）对抗样本攻击技术：以黑盒、白盒等不同方式生成对抗样本，对智能系统／算法进行攻击。

（2）可靠性安全性分析技术：针对智能系统的 OODA（感知层（observation）、判断层（orientation）、决策层（decision）、行动层（action））架构，及其智能算法失效模式进行识别分析。

（3）可靠性安全性评估技术：从算法输出准确率、算法抗干扰能力等角度，建立智能系统／算法可靠性安全性指标体系及评估方法。

（4）场景驱动测试技术：构建不同的任务或者运行场景（例如，不同地形、气象、天候等），对智能系统及其算法（例如，无人车、无人机等）进行测试验证。

（5）神经网络覆盖测试技术：从智能算法神经网络架构的覆盖率角度（例如，神经元节点覆盖）进行测试。

方向 2：软件缺陷预测技术。

方向 2 的热点方向及其典型技术总结如下。

（1）基于数据知识的缺陷预测技术：基于软件研制过程或产品的度量元数据，借助统计理论、分类回归等方法，对软件缺陷倾向性（容易／不容易产生缺陷）、缺陷数量等进行预测。

（2）基于人工智能的缺陷预测技术：基于软件需求设计或者数据，借助深度学习等智能技术，对软件缺陷模式、缺陷数量等进行预测。

（3）跨项目缺陷预测技术：针对不同版本、不同项目软件之间的特征或者缺陷数据进行比对分析，实现跨项目软件的缺陷预测。

方向 3：基于人工智能的安全性可靠性数据分析技术。

方向 3 的热点方向及其典型技术总结如下。

（1）缺陷数据挖掘分析技术：对软件问题清单、缺陷报告等数据或者文档，借助自然语言处理、深度学习等人工智能技术，对软件缺陷类别、缺陷模式、缺陷原因、控制措施等知识进行挖掘。

（2）缺陷自动分类技术：借助人工智能技术，对大量缺陷数据进行分析，实现软件缺陷自动分类或者摘要自动提取。

（3）基于知识图谱的分析推理技术：构建缺陷数据知识图谱，包括缺陷实体、关系、属性等内容，实现缺陷原因诊断、缺陷智能防护等分析推理。

方向 4：新型可靠性安全性分析技术。

方向 4 的热点方向及其典型技术总结如下。

（1）模型驱动分析技术：针对 UML、SysML、AADL 等语言构建的软件需求设计模型，开展软件失效模式分析等工作。

（2）系统事故理论（STAMP/STPA）：麻省理工学院的南希·G.莱韦森教授提出一种事故因果推理模型，其认为安全性不仅与系统各组成项单点失效有关，还与组成项之间的交互、组合等复杂关系有关。

（3）预期功能安全（SOTIF）：依据 ISO 21448《道路车辆预期功能安全》，SOTIF 着重解决如下问题，即在系统组成项无故障的前提下，由于系统预期存在设计不足或者性能局限，在遇到一定的触发条件（如环境干扰、人员误操作等）时，引发系统进入危险状态，导致不合理或未预期输出的风险。

（4）Petri 网、贝叶斯网、AltaRica 等形式化验证技术。

方向 5：新型可靠性安全性测试技术。

方向 5 的热点方向及其典型技术总结如下。

（1）人工智能应用技术：借助自然语言处理、深度学习算法等智能技术，实现测试用例或缺陷数据的智能复用、举一反三等。

（2）自适应随机测试技术：一种加强的随机测试方法，即依据已执行成功测试用例、错误较为集中的输入域等先验信息，将所设计的测试用例尽可能均匀地分布在输入域空间内，提高测试效率。

（3）模糊测试技术：一种通过向目标系统提供非预期的输入并监视异常结果来发现软件漏洞的方法，即使用随机异常数据（也称作 fuzz）攻击软件程序，实时观察软件受到攻击或者破坏的位置。

（4）蜕变测试（metamorphic testing，MT）技术：为解决测试用例预期输出难以构建的问题，提出了蜕变测试的概念。该技术可通过验证程序执行结果是否满足某一个特定关系，来判断其是否正确。

（5）变异测试技术（mutation testing，MT）：通过对被测程序注入特定类型的缺陷，评估测试数据的缺陷检测能力。

方向 6：软件故障诊断与定位技术。

方向 6 的热点方向及其典型技术总结如下。

（1）故障诊断（或检测）技术：对软件运行过程中可能出现的各类故障，进行实时诊断与预警。

（2）故障定位技术：对软件故障可能发生的位置或者导致故障发生的原因进行分析。

（3）故障修复技术：对软件运行过程中可能出现的各类故障，提出在线修复策略或者重构策略。

方向 7：信息安全技术。

方向 7 的热点方向及其典型技术总结如下。

（1）安全漏洞分析技术：针对网络软件中可能存在的各种安全漏洞（例如，用户权限漏洞、数据访问漏洞等）进行分析。

（2）网络软件抗攻击抗干扰技术：网络软件对于非法数据、木马病毒等攻击干扰行为的抵御策略或方法。

（3）恶意软件检测技术：针对系统存在的各类恶意软件（例如，木马病毒、非法插件等）进行检测分析。

方向 8：其他技术。

方向 8 的热点方向及其典型技术总结如下。

（1）任务可靠性测试评估技术：对任务可靠性指标进行建模、分配、预计、测试以及评估。

（2）DevSecOps 技术：旨在统一软件开发（Dev）、安全（Sec）和运维（Ops）过程，即在软件生命周期阶段（计划、开发、构建、测试、发布、交付、部署、操作和监控）实现开发、安全以及运维的高度融合和自动化。

（3）特定类别软件可靠性安全性技术：针对现场可编程门阵列（field programmable gate array，FPGA）、国产基础软件、云服务、手机 APP、开源软件等新型应用对象的可靠性安全性进行分析、测试与评估。

（4）软件风险评估技术：从失效影响后果、失效发生频率、软件控制能力等角度，针对软件失效所可能引发的各类风险进行评估。

（5）典型案例分析技术：针对软件可靠性安全性的典型事故案例或者应用案例进行总结分析。

1.5　小结

本章重点介绍了航空机载软件及质量的相关基础概念，包括机载软件分类、软件通用质量特性、相关标准以及国内外发展现状等内容。希望能够和读者对航空机载软件质量的理解与认知达成一致，同时也可为本书后续章节相关技术内容的阐述进行铺垫。

第2章　航空机载软件质量管理技术

在机载软件研制过程中，开发人员针对软件功能、性能等指标进行设计与实现，这是一种面向技术的质量视角。而软件质量管理则是从过程监督和产品把控的角度，为开发团队提供规范的实践约束，两者缺一不可、相辅相成、贯穿始终，共同确保了机载软件的可用性及可靠性。机载软件质量管理活动与软件研制工作应具有同等重要的地位。

2.1　概述

2.1.1　国内外软件质量管理概况

2.1.1.1　软件质量管理理论

依据标准 ISO 8402《质量管理和质量保证的术语》，质量指的是反映实体满足明确和隐含需要的能力的特性总和。软件质量是指对用户在功能和性能等方面需求的满足，对规定的标准和规范的遵循以及正规软件某些公认的应该具有的本质。

软件质量管理则是指一个组织以软件质量为中心、全员参与为基础，为追求顾客满意和组织所有受益者满意，而建立和形成的一整套软件质量方针、目标和体系。它通过质量策划设定组织的质量目标，规定必要的操作过程和相关资源。通过质量控制监视内部质量过程，排除质量环中可能存在的软件缺陷隐患。通过质量改进提高内部软件质量管理能力，改善组织内部的软件质量保证过程。

2.1.1.2　软件质量标准与模型

质量管理体系最早起源于英国。早在 1978 年，英国就发布了质量管理和质量保证体系国家标准 BS 5750，并显著地提升了英国企业的产品质量。经过数十年的发展，目前已经制定了多种成熟的软件质量标准与模型。

（1）ISO 9000 质量标准族

ISO 9000 是由国家或政府认可的组织以 ISO 9000 系列质量体系标准为依据进行的第三方认证活动，以绝对的权力和威信保证公开、公正、公平及相互间的充分信任。ISO 9000 标准族的核心标准主要有如下四个：

① ISO 9000：2005《质量管理体系——基础和术语》

该标准阐述了 ISO 9000 标准族中质量管理体系的基础知识、八项质量管理原则，并确定了相关的术语。

② ISO 9001：2008《质量管理体系——要求》

该标准规定了一个组织若要推行 ISO 9000、取得 ISO 9000 认证，所要满足的质量管理体系要求。组织通过有效实施和推行一个符合标准 ISO 9001：2000 的文件化的质量管理体系，包括对过程的持续改进和预防不合格，使顾客满意。

③ ISO 9004：2009《质量管理体系——业绩改进指南》

该标准以八项质量管理原则为基础，帮助组织有效识别客户及其相关方的需求和期望，从而改进组织业绩，协助组织获得成功。

④ ISO 19011：2011《质量和环境管理体系审核指南》

该标准提供质量和（或）环境审核的基本原则、审核方案的管理、质量和（或）环境管理体系审核的实施、对质量和（或）环境管理体系审核员的资格要求等。

（2）ISO/IEC 25010 质量标准及模型

ISO/IEC 25010《系统与软件工程——系统与软件质量要求和评估（SQuaRE）第 10 部分：系统与软件质量模型》将软件质量分为多个层次：软件质量特性层、子特性层、质量属性度量层。其中，特性指的是与评估对象最直接相关的组成因素。子特性则是对特性的具体展开，每一个特性都会有相对应的若干子特性，这些子特性或者是特性的子属性、或者是对特性产生重要影响的因素等。质量属性度量指的是系统可测量的、与质量相关的属性。为达到软件质量特性或者子特性的测度，除非可直接测量质量特性或者子特性，否则就有必要标识那些覆盖特性或者子特性的一组属性度量元，获得每个质量测度，并通过计算把它们组合起来，以得到对应质量特性或子特性的一个导出的质量测度。

ISO/IEC 25010（GB/T 25000.10）标准模型示意图如图 2-1 所示。

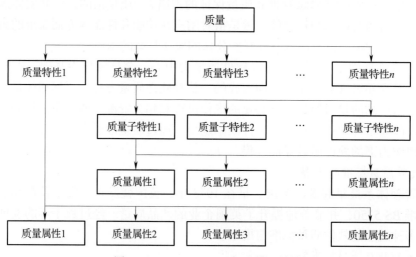

图 2-1   ISO/IEC 25010 标准模型结构

ISO/IEC 25010 提出 2 种质量模型，即使用质量模型和产品质量模型。其中，使用质量模型将使用质量属性划分为 5 个特性：有效性、效率、满意度、抗风险和周境覆盖。而产品质量模型则将系统 / 软件产品质量划分为 8 个特性：功能性、性能效率、兼容性、易用性、可靠性、信息安全性、维护性和可移植性。

ISO/IEC 25010 的产品质量模型如图 2-2 所示。

在质量模型中，将软件产品质量分为多个特性（或者子特性）。质量特性和子特性可以使用测量函数来进行量化。测量函数是一个用来组合质量测度元素（即度量元）的算法。一个质量特性或者子特性可以由多个质量测度元素进行测量。软件产品质量模型将质

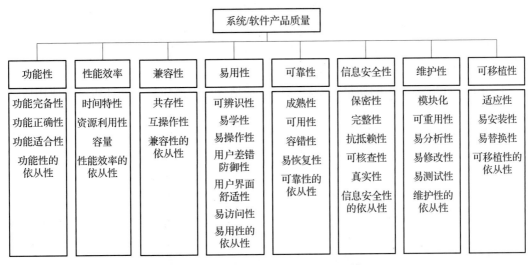

图 2-2　ISO/IEC 25010 标准产品质量模型

量测度元素分为内部测度和外部测度两类。其中，内部测度可应用于软件开发阶段（例如，需求分析、设计编码），可以使研制人员或者用户尽可能在软件生命周期的早期阶段发现软件薄弱环节，并采取相应措施。而外部测度则可应用于软件测试与运行阶段，可通过软件产品的运行情况来测量其质量。

（3）SJ 21145.1 质量标准及模型

SJ 21145.1《军工软件质量度量》从军用软件的成熟性、可用性、容错性以及易恢复性四个特性考虑，提出了软件质量评估模型，为软件质量评估提供参考依据。各个特性包含的度量元说明如下：

①成熟性：缺陷排除率满足度、平均故障间隔时间满足度、故障密度满足度、缺陷密度满足度、验证覆盖率。

②可用性：服务时间率、平均宕机时间满足度、特殊条件运行时间满足度。

③容错性：避免宕机率满足度、避免失效率满足度、抵御发生的误操作率、冗余率。

④易恢复性：易复原性、平均恢复时间满足度、备份数据率、可重新启动性、故障通告时间满足度。

SJ 21145.1 中提出软件质量的评估过程主要包括：

①确定度量对象：依据软件特点，选择合适的度量元。

②度量元元素值获取：通过分析、审查、测试等方法，收集所需的数据，用于获取度量元中的元素值。

③度量元计算：依据度量元元素值，借助相应的计算公式（见本书的附录 C），计算度量元值。

④度量元特性评估：将度量元值转化为值域范围在［0，1］区间内的数值，进而借助模糊数学、层次分析法等综合评估方法，自底向上实现对软件质量特性以及软件质量的综合评估。

（4）ISO/IEC 9126 系列质量标准（GJB 5236 标准）及模型

ISO/IEC 9126 标准体系包含 ISO/IEC 9126 系列标准和 ISO/IEC 14598 系列标准两部分。该标准中定义的层次化软件质量特性模型以及评估过程，为后续软件质量综合评估相关研究奠定了基础，并已经在多个领域得到广泛应用，国外许多软件公司依据该标准对软件产品进行质量评估。其中，ISO/IEC 9126 系列标准定义了软件质量评估模型，而 ISO/IEC 14598 系列标准则定义了软件质量评估过程。这两套标准已经成为国内外许多软件质量或可靠性领域研究人员进行质量评估模型以及评估方法研究的重要依据。

ISO/IEC 9126 标准中的质量模型将软件质量划分为内部质量、外部质量及使用质量。其中，外部质量模型以及内部质量模型包含 6 个质量特性，即功能性、可靠性、易用性、效率、维护性以及可移植性。这些质量特性包含了 27 个子特性，即功能性下的适合性、准确性、互操作性、安全保密性、功能性依从性；可靠性下的成熟性、容错性、易恢复性、可靠性依从性；易用性下的易理解性、易学性、易操作性、吸引性、易用性依从性；效率下的时间特性、资源利用性以及效率依从性；维护性下的易分析性、易改变性、稳定性、易测试性以及维护性依从性；可移植性下的适应性、易安装性、共存性、易替换性以及可移植性依从性。这些子特性可以用软件研制过程中的内部度量或者外部度量进行测量。

使用质量是基于用户观点的软件质量。ISO/IEC 9126 定义的使用质量模型，共分为 4 个特性：有效性、生产率、安全性和满意性。在 ISO/IEC 14598 标准中，将软件质量评估过程定义为如下四个步骤：

①建立评估需求：包括确定评估目的、产品类型、质量模型等内容。

②确定评估标准：包括选择评估度量元、设置度量元水平阈值、建立评估准则等内容。根据评估目标选择度量元集合。所选取的度量元主要来源于 ISO/IEC 9126 标准的外部度量以及内部度量，并且为每个度量元确定其评估的准则，即将评估结果分为四个等级（优、良、中、差）时度量元值的范围。

③制订评估计划：要计算度量元值，需要在软件研制过程中采集相应数据。因此，评估计划的主要内容是确定在软件各个研制过程进行何种分析或者测试，采集什么样的数据，以及如何对数据进行预处理等。

④执行评估计划。依据评估计划采集相应数据，计算度量元值，并与评估准则进行比较，得到最后的评估结果。主要包括采集数据、与准则比较分析、计算评估结果等内容。

GJB 5236《军用软件质量度量》主要借鉴了 ISO/IEC TR 9126-1《软件工程产品质量第 1 部分：质量模型》、ISO/IEC TR 9216-2《软件工程产品质量第 2 部分：外部度量》、ISO/IEC TR 9216-3《软件工程产品质量第 3 部分：内部度量》以及 ISO/IEC TR 9216-4《软件工程产品质量第 4 部分：使用质量的度量》。GJB 5236 中的模型主要依据军用软件全寿命周期的研制过程与数据，对软件产品进行质量评估，如图 2-3 所示。软件产品质量可以通过测量内部属性（对中间产品的静态测量），也可以通过测量外部属性（通过测量代码执行时的行为），或者通过测量使用质量的属性来评估，其目标是使得软件产品在使用环境下具有所需的效能，具体过程如图 2-3 所示。

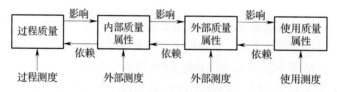

图 2-3　软件全寿命周期的质量评估过程（GJB 5236）

2.1.2　机载软件研制过程

参考 GJB 2786A、GJB 5000B 等有关标准，为满足全生命周期机载软件质量管理工作开展的需求，可将机载软件研制过程划分为如下几个阶段。

（1）项目策划和监控

应针对机载软件项目中的各项活动制订相应的计划，包括软件开发计划、计算机软件配置项（computer software configuration item，CSCI）合格性测试计划、系统合格性测试计划、软件安装和培训计划、软件移交计划、软件重要度分级等内容。

（2）软件开发环境建立

应建立各种类型的机载软件开发环境，包括：

①软件工程环境建立

开发方应建立、控制和维护软件工程环境（包括测试环境），确保该环境的各组成部分都能执行其预定的功能。

②软件开发资料库建立

开发方应建立、控制和维护一个软件开发资料库，用来管理软件、文档、其他中间的和最终的软件产品，以及相关的用以存进软件的有序开发和后续保障的工具和方法。

③软件开发文件建立

开发方应为每个软件单元（或一组逻辑上相关的软件单元）和每个 CSCI 建立、控制并维护软件开发文件。适用时，为 CSCI 的逻辑组、子系统和整个系统建立、控制和维护软件开发文档。

④非交付软件建立

开发方在交付软件的开发中可以使用非交付软件，但应保证交付软件在交付给需方后的运行和保障中不依赖于这些非交付软件，或能确保需方拥有或者可以得到同样的软件。开发方应确保用于项目的全部非交付软件能够执行其预定的功能。

（3）系统需求分析

①用户要求分析

开发方应参与分析需方提供的用户要求，以了解用户需要。用户要求可以采取多种形式，包括用户需要说明、调研报告、问题 / 更改报告、对原型的反馈等。

②运行方案制订

开发方应参与定义和记录系统运行方案。

③系统需求分析

开发方应参与定义和记录系统要满足的需求以及保证每项需求得以满足所使用的方法。这些需求包括所要求的状态和方式、能力、外部接口、内部接口、内部数据、适应性、安全性、保密性、计算机资源等方面、

（4）系统设计

①系统级设计决策

开发方应参与定义和记录系统级设计决策，即关于系统的行为设计和其他影响系统部件选择与设计的决策。

②系统体系结构设计

开发方应参与定义和记录系统的体系结构设计，并标识系统部件，包括硬件、软件、人工操作项及其接口，它们之间的执行方案，以及系统部件与系统需求之间的可追踪性。

（5）软件需求分析

开发方应定义和记录每个 CSCI 要满足的软件需求、保证每项需求得以满足所使用的方法，以及 CSCI 需求与系统需求之间的可追踪性。软件需求包括要求的状态与方式、能力（功能、性能等）、外部接口、内部接口、内部数据、适应性、安全性、保密性、环境、计算机资源、质量因素等方面。

（6）软件设计

① CSCI 级设计决策

开发方应定义和记录 CSCI 级设计决策，即关于 CSCI 行为设计的决策和其他对组成 CSCI 的软件单元的选择和设计有影响的决策。

② CSCI 体系结构设计

开发方应定义和记录每个 CSCI 的体系结构设计，标识组成该 CSCI 的软件单元及接口，它们之间的执行方案，以及软件单元与 CSCI 需求之间的可追踪性。

③ CSCI 详细设计

开发方应编写和记录每个软件单元的说明，包括每个软件单元的设计决策和约束、接口和数据库的详细设计说明，其详细程度应达到能够根据说明进行软件实现。

（7）软件实现和单元测试

①软件实现

开发方应开发和记录与 CSCI 设计中每个软件单元相对应的程序。适应时，这项工作应包含：对计算机指令和数据定义进行编码，建立数据库，将数据值填入数据库和其他数据文件中，以及其他为实现设计所需的活动。

②单元测试的准备

开发方应为与每个软件单元相对应的软件制订测试计划（包括规定测试需求和进度），准备测试用例（按照输入、预期的结果和评价准则进行描述）、测试规程和测试数据。测试用例应覆盖该单元详细设计的所有方面。开发方应在相应的软件开发文件中记录这些信息。

③单元测试的执行

开发方应测试与每一个软件单元相对应的程序，测试应按照单元测试计划、用例和规程进行。

④修改和回归测试

开发方应根据单元测试的结果对软件进行必要的修改，并进行全部必要的回归测试，以及根据需要更新软件开发文件和其他软件产品。

⑤分析和记录单元测试结果

开发方应分析单元测试的结果，并在相应的软件开发文件中记录该测试和分析的结果。

（8）单元集成和测试

①单元集成与测试和准备

开发方应为进行单元集成和测试制订计划，包括规定测试需求、测试策略和进度安排，并准备测试用例（按照输入、预期的结果和评价准则进行描述）、测试规程和测试数据。测试用例应覆盖该 CSCI 级设计决策和 CSCI 体系结构设计的所有方面。开发方应在相应的软件开发文件中记录这些信息。

②单元集成和测试的执行

开发方应执行单元集成和测试，测试应按照单元集成测试计划、用例和规程进行。

③修改和回归测试

开发方应根据单元集成和测试的结果对软件进行必要的修改，并进行全部必要的回归测试，以及根据需要更新软件开发文件和其他软件产品。

④分析和记录单元测试结果

开发方应分析单元集成和测试的结果，并应在相应的软件开发文件中记录该测试和分析的结果。

（9）CSCI 合格性测试

① CSCI 合格性测试的独立性

负责进行 CSCI 合格性测试的人员不应是从事该 CSCI 详细设计和实现的人员，但不排除进行 CSCI 详细设计及实现的人员为该测试过程作贡献。

②在目标计算机系统上进行测试

CSCI 合格性测试应在目标计算机系统或需方批准的替代系统上进行。

③ CSCI 合格性测试的准备

开发方应按照 CSCI 合格性测试策划结果定义和记录用于 CSCI 合格性测试的测试准备、测试用例、测试规程，以及测试用例与 CSCI 需求之间的可追踪性。

④ CSCI 合格性测试的预演

如果 CSCI 合格性测试要由需方见证，开发方应对测试用例和规程进行预演，以确保它们完备与准确，并确保该软件已经为见证测试做好了准备。开发方应在相应的软件开发文件中记录这些活动的结果，并相应地更新 CSCI 测试用例和规程。

⑤ CSCI 合格性测试的执行

开发方应对每个 CSCI 执行 CSCI 合格性测试。测试应按照 CSCI 测试的计划、用例和规程进行。

⑥修改与回归测试

开发方应根据 CSCI 合格性测试的结果对该软件作必要的修改，进行必要的回归测试；回归测试前应通知需方；还应根据需要更新软件开发文件和其他软件产品。

⑦分析和记录 CSCI 合格性测试的结果

开发方应分析和记录 CSCI 合格性测试的结果。

（10）CSCI/HWCI 集成和测试

① CSCI/HWCI 集成与测试和准备

开发方应参与制订和记录用于执行 CSCI/HWCI（hardware configuration item，硬件配置项）集成和测试的计划，包括规定测试需求、测试策略和进度安排，并参与开发和记录测试用例（按照输入、预期结果和评价准则进行描述）、测试规程和测试数据。测试用例应覆盖系统级设计决策和系统体系结构设计的各个方面。开发方应将与软件有关的信息记录在相应的软件开发文件中。

②CSCI/HWCI 集成和测试的执行

开发方应参与 CSCI/HWCI 的集成和测试。测试应按 CSCI/HWCI 测试的计划、用例和规程进行。

③修改和回归测试

开发方应根据 CSCI/HWCI 集成和测试的结果对软件进行必要的修改，并参与全部必要的回归测试。需要时，修改相应的软件开发文件和其他软件产品。

④分析和记录 CSCI/HWCI 集成和测试的结果

开发方应参与 CSCI/HWCI 集成和测试结果的分析。与软件有关的分析与测试结果应记录在相应的软件开发文件中。

（11）系统合格性测试

①系统合格性测试的独立性

负责系统合格性测试的人员不应是从事该系统中软件的设计或实现的人员，但不排除这些人员对系统合格性测试作出贡献，例如，提供一些依赖于系统内部实现知识的测试用例。

②在目标计算机系统上进行测试

开发方的系统合格性测试应在目标计算机系统上或在经需方批准的替代系统上进行。

③系统合格性测试的准备

开发方应按照系统合格性测试策划结果，参与编写并记录测试准备、测试用例和测试规程，参与确定并记录测试用例与系统需求之间的可追踪性。开发方应参与为执行测试用例所需测试数据的准备，并事先将系统合格性测试的时间和地点通知需方。

④系统合格性测试的预演

若要由需方见证系统合格性测试，开发方应参与系统测试用例和规程的预演，以确保它们完备与准确，并确保系统已为见证测试做好准备。开发方应将这项活动中与软件有关的结果记录在相应的软件开发文件中，并参与对系统测试用例与规程作相应的更新。

⑤系统合格性测试的执行

开发方应参与系统合格性测试。这种参与应按照系统测试的计划、用例和规程进行。

⑥修改和回归测试

开发方应根据系统合格性测试的结果对软件进行必要的修改，并事先通知需方将进行回归测试。开发方应参与全部必要的回归测试，并根据需要修改软件开发文件和其他软件产品。

⑦分析并记录系统合格性测试的结果

开发方应参与系统合格性测试结果的分析和记录。

（12）软件使用准备

①可执行软件的准备

开发方应为每个用户现场准备可执行的软件，包括在目标计算机上安装和运行该软件所需的所有批处理文件、命令文件、数据文件和其他软件文件。

②为用户现场准备版本说明

开发方应标识和记录为每个用户现场准备的软件的准确版本。

③在用户现场的安装

开发方应在合同规定的用户现场安装和检测可执行的软件，按合同规定为用户提供培训及其他现场帮助。

（13）软件移交准备

①可执行软件的准备

开发方应准备需要向保障机构现场移交的可执行软件，包括在目标计算机上安装和运行该软件所必需的所有批处理文件、命令文件、数据文件和其他软件文件。

②源文件准备

开发方应准备需要向保障机构现场移交的源文件，包括重新生成该可执行软件所必需的所有批处理文件、命令文件、数据文件和其他文件。

③为保障机构现场准备版本说明

开发方应标识和记录为保障机构现场准备的软件的准确版本。

④已建成的 CSCI 设计和有关信息的准备

开发方应确保每个 CSCI 的设计说明与"已建成"的软件相一致，并定义和记录下列事项：

a. 验证该系统拷贝所使用的方法；

b. 测量到的该 CSCI 的硬件资源利用率；

c. 支持该软件所需的其他信息；

d. CSCI 的源文件与软件单元之间的可追踪性；

e. 计算机硬件资源的利用率测量与涉及它们的 CSCI 需求之间的可追踪性。

⑤系统 / 子系统设计说明的检查

开发方应参与系统 / 子系统设计说明的检查，以使它和"已建成"的系统相一致。

⑥保障手册的准备

开发方需要提交计算机编程手册、固件保障手册等用于软件维护和保障的技术资料。

⑦移交到指定的保障机构现场

开发方应：

a. 在合同或任务书指定的保障环境中安装并检测可交付的软件；

b. 向需方演示交付软件能够使用合同或任务书指定或需方批准的硬件和如下软件来重新生成（即编译 / 连接 / 装载成一个可执行的产品）和维护，包括现货软件产品、需方已有的软件产品、按合同交付的软件产品；

c. 按合同规定为保障机构提供培训；

d. 按合同规定为保障机构提供其他帮助。

（14）软件验收支持

①支持需方进行软件验收测试和评审

开发方应按合同规定向需方提出软件验收申请，并为需方进行软件验收测试、评审和审核提供支持。开发方应将软件验收测试、评审和审核的结果记录在软件开发文件中。

②交付软件产品

验收通过后，开发方应在对软件产品进行必要的修改后，按合同规定完成并向需方交付软件产品。

③提供培训和支持

开发方应按合同规定为需方和软件用户提供必要的培训。

④软件产品定型支持

开发方应按合同规定为软件产品定型提供有关文档，包括软件研制总结报告（SDSR）、软件产品规格说明（SPS）、软件质量保证报告（SQAR）和软件配置管理报告（SCMR）等。

（15）软件配置管理

①配置标识

在参与系统体系结构设计时，开发方应参与选择 CSCI，标识置于配置控制下的实体，并为置于配置控制下的每一个 CSCI 及其每一个附属实体分配项目唯一的标识符。这些实体应包括合同中要求开发的或用到的软件产品，以及软件开发环境的元素。标识方案应考虑所有实体实际受控的级别，例如，计算机文件、电子媒体、文档、软件单元、配置项。

②配置控制

开发方应建立并执行：

a. 指定每个已被标识实体必须经受的控制级别（例如，作者控制、项目级控制、需方控制等）的规程；

b. 指定在每个级别上有权进行更改和批准更改的个人或组织（例如，程序员 / 分析员、软件负责人、项目经理、需方）的规程；

c. 申请批准更改、处理更改申请、跟踪更改、分发更改和保持过期版本等工作所应遵循的步骤。对已由需方控制的实体有影响的更改，应按合同规定的形式和手续向需方提出建议。

③配置状态纪实

开发方应建立并在整个合同期间保持已经置于项目级或更高级别配置控制下的所有实体的配置状态的记录。这些记录可包括每个实体的当前版本 / 修正版 / 发布版、对该实体自纳入项目级或更高级别配置控制下后进行更改的记录，以及影响该实体的问题 / 更改报告的状态。

④配置审核

开发方应为需方按合同规定进行配置审核提供支持。

⑤软件发行管理和交付

开发方应建立并执行可交付软件产品的包装、存储、处理和交付的规程。开发方在合同期内应保存可交付软件产品的主拷贝。

（16）软件产品评价

①过程中的和最终的软件产品评价

开发方应对执行相关标准要求所产生的软件产品进行过程中的评价。此外，对每一个交付的软件产品，在交付之前，开发方应进行最终的评价。

②软件产品评价记录

开发方应准备并保持每个软件产品的评价记录。这些记录在合同期内均应保持。

③软件产品评价的独立性

负责软件产品评价的人员应不是开发该软件产品的人员，但这并不排除开发该软件产品的人员参加评价工作（例如，参加该产品的代码审查）。

（17）软件质量保证

①软件质量保证评价

开发方应对软件开发活动和得到的软件产品，按计划定期或事件驱动地进行评审和审核：

a. 保证合同中或软件开发计划中要求的每项活动都按照合同和软件开发计划进行；

b. 保证合同中或软件开发计划中要求的每项软件产品都存在，并已进行了合同条款所要求的软件产品的评价、测试和纠正措施。

②软件质量保证记录

开发方应为每个软件质量保证活动准备并保持记录，并且这些记录在合同期内均应保持。置于项目级或更高级配置控制下的软件产品中的问题和在合同要求的和软件开发计划所说明的活动中的问题都应按相关的纠正措施进行处理。

③软件质量保证的客观性

负责进行软件质量保证评价的人员应不是开发该软件产品、执行该项活动或者负责该软件产品或活动的人员。负责软件质量保证的人员应具有资源、职责、权限和组织上的独立性，以便能够进行客观的软件质量保证评价并启动和验证纠正措施。

综上所述，在机载软件研制过程中，需要开展相应的多项质量管理活动，以确保机载软件研发过程质量及产品质量满足用户要求。其中，软件重要度分级以及软件产品质量评价，作为软件质量管理一头一尾的两项技术，对软件产品研发以及质量具有很重要的意义。软件重要度分级技术主要用于确定机载软件研发过程中的各项目标要求以及时间资源分配，是机载软件各项研发和质量管理工作开展的基础与依据；而软件产品质量评价则用于验证软件可靠性、安全性等各项质量属性是否满足要求，是对机载软件研发和质量管理工作的验收标准。因此，本书重点针对这两项重要的机载软件质量管理技术进行阐述说明。

2.2　机载软件重要度分级

软件重要度是指软件发生失效对系统运行安全或任务完成造成影响的程度。针对机载系统中完成特定功能的软件进行重要度分级往往是软件研制活动的起点。系统研制单位可针对不同重要度等级的软件产品，对软件需求分析、设计实现、测试验证等不同研制阶段制定不同的目标要求，确保不同等级的软件能够得到合理的资源分配。

如果软件重要度分级结果不够准确，将可能使得某些非关键重要软件错误地分配到更多的资源，提出更高的开发与验证目标要求，导致资源的浪费。而某些关键重要软件却未分配到足够的资源，且开发与验证目标要求非常宽松，可能导致软件中存在大量安全隐患，进而影响系统的安全性水平。

目前，国内外许多安全标准或系统研制规范，包括 SAE ARP 4754A、SAE ARP 4761、DO-178B/C、GJB/Z 102A、MIL-STD-882E、NASA 8719 等，均明确软件重要度等级评估的工作要求。本书参考上述标准，结合作者的机载软件研制管理经验，阐述几种较为常见的机载软件重要度分级方法。

2.2.1　软件重要度分级影响因素

在开展软件重要度分级之前，需要明确可能会对机载软件重要度产生影响的因素，这是进行软件重要度分级的前提和基础。经过调研分析，有如下几种可能会对软件重要度产生影响的因素。

（1）软件导致的系统危险严重性（severity）

软件所在系统可能会进入危险状态，其中部分与软件相关的危险对于系统运行、人员安全或完成任务有重要影响。因此，软件导致的系统危险严重性表征，由软件引发的系统/子系统危险事件，所可能造成的人员伤亡、设备损毁、任务失败或降级情况，常采用伤亡的人员、财产损失数目、完成任务的效果情况进行度量。

（2）软件控制（software control）等级

处于同一系统/分系统的不同软件对于系统/分系统危险发生的贡献不同，有些软件是直接导致这些危险发生的原因，而有的软件则用于控制、缓解或检测这些危险。这种软件对于其所在系统/子系统危险的控制程度即是软件的控制等级，其可表征软件对于系统/子系统危险发生的影响情况。

（3）系统危险发生的可能性（probability）

系统危险发生的可能性表示由软件引发的系统/子系统危险事件的发生概率。系统危险发生的可能性通常可分为五种级别：非常可能、很可能、可能、不太可能以及不可能。

（4）软件复杂度（software complexity）

根据 NASA 8719 标准的描述，软件复杂度表征软件对于其所在系统/子系统功能进行控制的复杂程度，可由软件所控制的系统/子系统功能的数量、软硬件之间的接口数量等特征进行度量。一般认为，软件控制的系统/子系统功能的数量越多，软件与所在系统/子系统中的硬件之间的接口数量越多，软件的复杂程度越高，其引发系统/子系统发生危险的可能性就越高。

（5）时间临界性（timing criticality）

时间临界性表征软件对于系统/子系统发生危险时采取相应控制行为的反应速度。当危险出现时，如果软件能够及时检测、阻止或控制该危险，将最大程度降低甚至消除系统危险的影响。软件时间临界性通常由软件所在系统的特征来决定，例如，实时嵌入式系统对于软件时间临界性的要求很高。

这 5 种因素对于软件重要度等级的确定有着直接或间接的影响，经过综合分析，本书着重选取"软件导致的系统危险严重性"和"软件控制等级"这两种影响因素作为机载软件重要度分级的主要依据。其他三种因素不予以考虑，说明如下：

（1）软件失效可能性不建议考虑。这是因为软件重要度分级工作一般在软件研制阶段的初期进行，而此时要想精确地确定软件引发系统/子系统发生危险的概率是不容易的。此外，从安全性的角度来说，只要软件失效可能引发系统危险，那么就应该慎重确定该软件的重要度等级，而不能因为危险发生的可能性小就轻易地降低软件级别。

（2）软件复杂度的影响效果将融入软件控制等级。由前面叙述可知，软件复杂度表示的是软件对系统/子系统功能的控制复杂程度，因此在软件控制等级的内容中将体现软件复杂度的影响效果。

（3）由于时间临界性通常表征机载软件对于系统 / 子系统发生危险时采取相应控制行为的反应速度，因此本书将该因素融入"软件控制等级"中一并考虑。

2.2.2　基于危险综合评估的重要度分级方法

基于危险综合评估的软件重要度分级方法主要包括如下内容：

（1）软件导致的系统危险严重性等级评估

首先，从运行安全（对系统运行安全影响）和任务完成（对系统任务完成影响）两个角度，对失效影响严重程度进行描述，并采用分级的形式定量表征失效严重程度。

其中，"运行安全"角度的失效影响程度评估，应着重考虑对机载系统运行安全、设备、人员等因素的影响程度；而"任务完成"角度的失效影响程度评估，着重考虑失效对关键任务完成的性能品质、实时性和成本等方面的影响。

参考 MIL-STD-882E、GJB/Z 102A 等标准，本书提出软件导致的系统危险严重性分级，如表 2-1 所示。

表 2-1　软件导致的系统危险严重性分级

严重性等级	定义 （GJB 102A）	运行安全维度细化条目示例 （供参考）	任务完成维度细化条目示例 （供参考）
灾难的	人员伤亡，或系统报废，或基本任务失败，或环境灾难	（1）导致所在系统或设备报废； （2）导致人员伤亡； （3）对环境造成破坏性影响； （4）造成极大经济财产损失	基本任务（决定使命成败的任务）彻底失败
严重的	人员严重伤害，或系统严重损坏，或基本任务的主要部分未完成，或环境严重破坏	（1）导致所在系统或设备严重损坏； （2）导致人员受到严重伤害； （3）对环境造成严重破坏； （4）造成较大经济财产损失	（1）基本任务部分失败； （2）基本任务完成效果或计算精度严重降低，导致性能指标无法满足； （3）基本任务完成实时性严重降低，导致性能指标无法满足
轻度的	人员轻度伤害，或系统轻度损坏，或对完成任务有轻度影响，或环境轻度破坏	（1）导致所在系统或设备轻度损坏； （2）导致人员受到轻度伤害或者非常疲劳； （3）对环境造成轻度破坏； （4）造成轻度的经济财产损失	（1）基本任务完成效果或计算精度轻度降低； （2）基本任务完成实时性轻度降低
轻微的	对人员的伤害和系统的损坏轻于轻度，或虽然执行任务有障碍但是能够完成，或对环境的破坏可忽略	（1）导致所在系统或设备的损坏轻微甚至可忽略； （2）导致人员使用不方便或者轻度疲劳； （3）对环境造成的破坏轻微甚至可忽略； （4）造成经济财产损失轻微甚至可忽略	（1）基本任务完成效果或计算精度轻微降低或者无影响； （2）基本任务完成实时性轻微降低或者无影响

由表 2-1 可知，本书采用分级的形式来定量表征软件失效导致危险的严重性程度。软件导致的危险严重性等级共分为 4 级，即灾难的、严重的、轻度的、轻微的，可以分别用字母 a ~ d 来表示，字母越靠前，危险严重性等级越高。

依据上述等级列表，进行危险严重性等级评估的过程如下：

①首先，可依据机载系统危险分析、机载软件失效模式及其影响分析等工作成果，对照表 2-1 中的内容，确定机载软件导致系统危险的严重性等级。失效影响后果只要满足表 2-1 中任意一个方面（即安全影响程度或任务影响程度）的描述，失效严重性可确定为对应级别。

②如果软件失效会引发多个系统功能失效，并且多个系统功能失效会共同引发更高级别的系统危险，则应根据最高级别的系统危险来确定软件导致的危险严重性等级。

③在软件导致的危险严重性评估过程中，还应考虑系统体系结构的影响。例如，采用划分方法（在功能上相互独立的软件部件之间提供隔离技术，以确定或隔离故障）的软件结构中，提供隔离措施的软件失效并不会直接导致系统危险的发生，但将导致故障蔓延而影响到其他软件部件，因此，提供隔离措施的软件所导致的系统危险严重性等级，应该由其他软件部件所导致的最严重的系统危险严重性等级来确定。

（2）软件控制等级评估

应着重考虑软件对系统危险的控制程度、软件对系统功能的控制程度、余度备份措施等方面，依此评估软件的控制等级。参考 MIL-STD-882E、GJB/Z 102A 等标准，本书制定的软件控制等级如表 2-2 所示。

表 2-2　软件控制等级

控制类别	定义（GJB 102A）	条目细化（供参考）
I	（1）软件对危险进行部分或全部的自主控制； （2）包含多个子系统、交互作用的并行处理器或多个接口的复杂系统； （3）一些或全部安全关键功能是时间关键的	（1）功能无任何余度备份，或者功能为余度机制中的主余度功能； （2）系统包含大量的子系统，或者系统规模极大； （3）系统的一些或全部安全关键功能是强实时的（ms 级）
II	（1）控制危险，但是其他安全系统可以进行部分缓解； （2）包含少量子系统和 / 或一些接口的中等复杂系统，无并行处理； （3）有一些危险控制动作可能是时间关键的，具有临界时间要求，但是不会超过中等熟练程度的操作员所需要的时间或自动系统响应的时间	（1）功能为余度机制中的备份余度，或者功能监视着危险状态出现，提供报警和处置措施的提示； （2）系统包含多个子系统，或者系统规模较大； （3）和危险控制或告警相关的功能是实时的，且具有临界时间要求（s 级），但是操作员可以对该功能的操作进行实时响应
III	（1）若软件发生故障，则有一个或若干个缓解系统防止危险发生，或提供冗余的安全关键信息资源； （2）稍微复杂的系统，仅包含有限数目的接口； （3）缓解系统能在任何临界时间内进行响应	（1）当软件发生故障时，可以有硬件设备或人员监控或干预，或者为操作员实时危险干预提供信息提示； （2）系统包含若干子系统，或者系统规模中等； （3）和危险控制或告警相关的功能的临界时间实时性要求不高，监控缓解装置或者操作员可以进行响应
IV	（1）对危险无硬件控制，并不为操作员提供安全关键数据； （2）仅带 2 ~ 3 个子系统的简单系统，仅包含少量接口； （3）非时间关键，没有临界时间要求	（1）当软件发生故障时，没有硬件或人员监控或干预，或者不为操作员实时危险干预提供任何安全关键数据； （2）系统包含少量的子系统，或者系统规模较小； （3）没有任何临界时间要求

由表 2-2 可知，本书将机载软件控制等级分为 4 级，分别用拉丁字母 Ⅰ ~ Ⅳ 表示。

本书分别从软件对系统 / 子系统危险的控制程度、软件对系统 / 子系统功能的控制程度、余度备份措施设置三个方面来描述机载软件对于危险的控制能力。可将机载软件的控制能力与表 2-2 中的控制等级描述进行对比，确定软件控制等级。若同一个软件对应多个控制等级，应取最高级作为该软件的控制等级。

（3）软件重要度等级综合评估

最后，在危险严重性评估以及软件控制等级评估基础上，建立软件重要度索引矩阵，如表 2-3 所示。软件重要度索引矩阵以机载软件引发的危险严重性为行，以软件控制等级为列，为每个单元格赋予一个离散数字，表示软件重要度的索引值。索引值的数字越小，表明软件的重要度级别越高。

表 2-3　软件重要度索引矩阵

软件控制等级	危险严重性			
	灾难	严重	轻度	轻微
	a	b	c	d
Ⅰ	（1）	（3）	（7）	（11）
Ⅱ	（2）	（4）	（8）	（12）
Ⅲ	（5）	（9）	（13）	（15）
Ⅳ	（6）	（10）	（14）	（16）

由表 2-3 可知：

①依据系统危险严重性评估结果的最高值（即危险后果影响严重程度最大）与软件控制等级，借助索引矩阵确定机载软件的重要度等级索引值。需要说明的是，表 2-3 中给出的软件重要度索引值仅供参考。开展机载软件重要度分级工作时，还可以根据机载系统的实际要求，对机载软件导致的危险严重性等级和软件控制等级进行权衡，并合理调整矩阵单元格中的索引值。

②同时，也可根据机载软件研制实际情况（研制周期、经费和质量要求等）将表 2-3 矩阵中的索引值进行分段，从而将机载软件重要度划分为若干等级，依此确定软件研制过程中应开展的质量管理工作内容。

③表 2-4 给出了依据索引值分段确定软件重要度等级的示例。软件重要度等级共分为 4 个级别，分别用字母 A ~ D 来表示。字母越靠前，软件重要度等级越高，即 A 级表示最高的软件重要度等级，应完成的软件质量管理工作就越充分；D 级表示最低的软件重要度等级，应完成的软件质量管理工作相对 A 级软件可以相对减少或剪裁。

表 2-4　软件重要度等级划分

重要度等级	重要度描述	索引值区间	对应软件质量管理工作描述
A	关键	（1）~（2）	对系统运行安全或任务的完成具有关键影响，其开发过程应该执行最严格的软件质量控制要求。例如，依据 DO-178C 标准，重要度等级为 A 级的软件，其所需满足的适航目标要求为 71 项

表 2-4（续）

重要度等级	重要度描述	索引值区间	对应软件质量管理工作描述
B	重要	（3）~（6）	对系统运行安全或任务的完成有重要影响，其开发过程应执行较严格的软件质量控制要求。例如，依据 DO-178C 标准，重要度等级为 B 级的软件，其所需满足的适航目标要求为 69 项
C	一般	（7）~（10）	对系统运行安全或任务的完成有着一般性的影响，其开发过程应执行一般的软件质量控制要求。例如，依据 DO-178C 标准，重要度等级为 C 级的软件，其所需满足的适航目标要求为 62 项
D		（11）~（13）	对系统运行安全或任务的完成有轻微影响甚至无影响，其开发过程应执行基本的软件质量控制要求。例如，依据 DO-178C 标准，重要度等级为 D 级的软件，其所需满足的适航目标要求为 26 项

虽然软件导致的危险严重性和软件控制等级对于机载软件重要度等级的确定均有影响，但是作者认为危险严重性的影响程度多数情况下应大于软件控制等级。这是因为：

①从软件安全性可靠性角度来讲，软件失效对于系统运行安全或者任务完成的影响是导致系统/子系统危险发生的根本原因，属于内在因素。

②软件控制等级只是描述当危险将要发生时，软件对于危险的控制能力，属于外在因素。

因此，本书在制定软件重要度索引矩阵时，谨慎考虑软件控制等级对于软件重要度等级提升或降低的影响。一般原则是：

①软件导致的危险严重性等级将初步决定软件重要度等级，在此基础上，软件控制等级不会提升软件重要度等级，也不会轻易降低软件的重要度级别，建议最多只降低一级。

②与硬件重要度索引值不同的是，较低的软件重要度索引值并不一定表明该软件的设计情况是不尽人意的，但一定意味着需要更多的资源来分析和测试该软件。

对于机载软件来说，具有如下特征的软件重要度等级划分还需要慎重考虑。

①与重要度等级较高的软件运行于同一处理器的软件。此类软件发生失效将可能导致该处理器内重要度等级较高软件的安全余量降低。

②为重要度等级较高的软件或系统提供部分或全部测试验证的软件。此类软件发生失效将可能导致验证对象的安全置信度降低。

本书对于具有上述两类特征的软件的重要度等级的调整策略如下。

①与 A 类软件处于同一处理器或者对 A 类软件提供部分或全部测试验证的非 B 类软件，其重要度等级可提升至 B 类。

②与 A 类软件处于同一处理器或者对 A 类软件提供部分或全部测试验证的 B 类软件，其重要度等级可提升至 A 类。

③与 B 类软件处于同一处理器或者对 B 类软件提供部分或全部测试验证的非 C 类软件，其重要度等级可提升至 C 类。

④与 B 类软件处于同一处理器或者对 B 类软件提供部分或全部测试验证的 C 类软件，其重要度等级可提升至 B 类。

针对不同重要度等级的软件，应对开发、验证和验收等软件生命周期过程制定不同的技术和管理要求，以便在时间、费用和效率等约束条件下，达到最佳的软件质量。

此外，机载软件重要度分级结果还可以综合考虑其所驻留设备的重要度分级结果。也即是说，如果软件所驻留设备的重要度分级结果高于软件的重要度分级结果，且软件在所驻留设备中负责实现关键或重要功能，则可以适当调整软件的重要度等级。从安全性可靠性的角度来说，本书建议最好将软件的重要度等级提升至与其所在设备对等的级别。

2.2.3　基于系统体系结构的重要度分级方法

参考 ARP 4754A 等标准，本书介绍一种基于系统体系结构的机载软件重要度分级方法，主要包括如下内容：

（1）系统危险严重性等级评估

此部分内容与基于危险综合评估的重要度分级方法中的相应内容完全一致，不再重复介绍。

（2）功能研制保证等级确定

依据系统危险严重性等级，可以确定危险相关功能的研制保证等级（function development assurance level，FDAL），如表 2-5 所示。

表 2-5　系统功能研制保证等级

危险严重性等级	功能研制保证等级
灾难的	FDAL A
严重的	FDAL B
轻度的	FDAL C
轻微的	FDAL D

由表 2-5 可知，FDAL 可分为 4 个等级，分别为 FDAL A ～ D。功能所导致的危险严重性等级越高，则该功能分配的研制保证等级也相应越高。

（3）基于系统体系结构的功能关系模型建立

根据系统体系结构，明确系统功能下的各子功能或项的组成关系。本书列出几类常见的子功能或项组成的关系模型：

①串联关系

串联关系表征的是，功能下的任一子功能或项发生失效，都将导致功能危险发生。串联关系对应的体系结构模型如图 2-4 所示。

图 2-4　串联关系模型

②并联关系

并联关系表征的是，功能下所有子功能或项均发生失效，才导致功能危险的发生。并联关系对应的体系结构模型如图 2-5 所示。

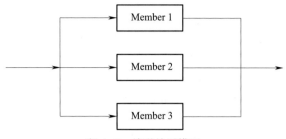

图 2-5　并联关系模型

③串并联关系

串并联关系表征的是，功能下子功能或项整体表现为串联关系，但在某个串联节点上，由多个子功能或项组成并联关系。显然，参与并联的子功能或项失效对功能危险的贡献度要小于参与串联的子功能或项。串并联关系对应的体系结构模型如图 2-6 所示。

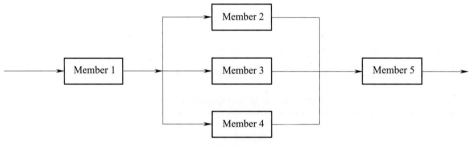

图 2-6　串并联关系模型

由图 2-6 可知，参与并联的子功能或项（例如，Member 2 或 Member 3）失效的贡献度要小于参与串联的子功能或项（例如，Member 1 或 Member 5）。

④并串联关系

并串联关系表征的是，功能下的子功能或项整体表现为并联关系，但在某个串联节点上，由多个子功能或项组成串联关系。参与并联的子功能或项失效对功能危险的贡献度与参与串联的子功能或项是相同的。并串联关系对应的体系结构模型如图 2-7 所示。

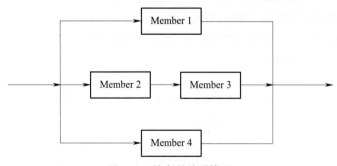

图 2-7　并串联关系模型

由图 2-7 可知，参与并联的子功能或项（例如，Member 1 或 Membe 4）失效的贡献度与参与串联的子功能或项（例如，Member 2 或 Member 3）相同。

⑤表决关系

表决关系表征的是，由 n 个子功能或项及 1 个表决器单元（某个子功能或项）组成的表决系统。当表决器单元正常时，正常运行的子功能或项的数量不少于 r（$1 \leqslant r \leqslant n$），功能危险就不会发生。表决关系对应的体系结构模型如图 2-8 所示。

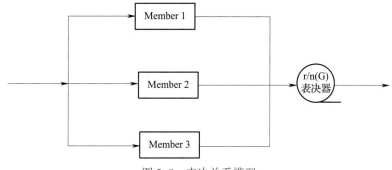

图 2-8　表决关系模型

表决器单元对应的子功能或项对功能危险的贡献度要明显高于其他子功能或项。其他子功能或项的贡献度划分则可根据其串联或并联关系来确定。

（4）功能危险的故障树建模

根据上述各类功能组成关系模型，自上而下建立功能危险的故障树模型，以明确各子功能或项失效对危险的影响方式。建立故障树模型的实质，就是将所建立的若干类功能组成关系模型，转化为对应的故障树模型，进而依据系统体系结构，建立完整的故障树，用于研制保证等级自上而下逐层分配。

①串联关系对应的故障树模型

串联关系对应的故障树逻辑关系就是"或"门。具体模型如图 2-9 所示。

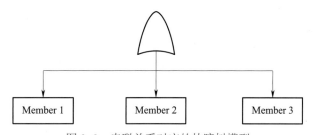

图 2-9　串联关系对应的故障树模型

②并联关系对应的故障树模型

并联关系对应的故障树逻辑关系就是"与"门。具体模型如图 2-10 所示。

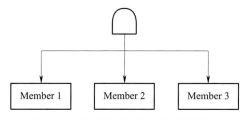

图 2-10　并联关系对应的故障树模型

③串并联关系对应的故障树模型

串并联关系对应的故障树逻辑关系就是"或与"门。具体模型如图 2-11 所示。

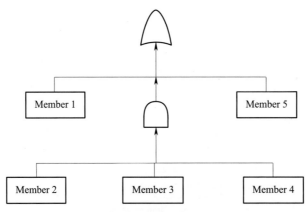

图 2-11　串并联关系对应的故障树模型

④并串联关系对应的故障树模型

并串联关系对应的故障树逻辑关系就是"与或"门。具体模型如图 2-12 所示。

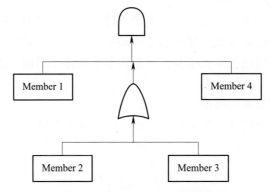

图 2-12　并串联关系对应的故障树模型

⑤表决关系对应的故障树模型

表决关系对应的故障树逻辑关系是"表决"门。具体模型如图 2-13 所示。

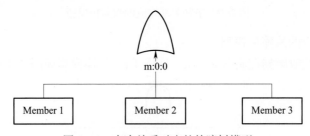

图 2-13　表决关系对应的故障树模型

（5）基于体系结构的软件 IDAL 分配过程

依据系统功能研制保证等级 FDAL，结合系统体系结构，自上而下对功能 FDAL 进行分配，确定各类相关子功能的研制保证等级（FDAL）或组成项（例如，软件项、硬件项等）的研制保证等级（item development assurance level，IDAL）。

针对五类故障树模型，基于系统体系结构，开展功能 FDAL 分配过程如下：

①串联关系对应的故障树模型

若子功能或项呈现出串联关系对应的故障树模型，即或门，则子功能或项的 FDAL 或 IDAL 分配方法为：所有子功能的 FDAL 等级或组成项的 IDAL 等级，与功能的 FDAL 保持一致。

②并联关系对应的故障树模型

若子功能或项呈现出并联关系对应的故障树模型，即与门，则子功能或项的 FDAL 或 IDAL 分配方法可为如下两种方法中的任意一种（可根据实际情况选择）：

a. 方法一：至少一个子功能或项分配的 FDAL 或 IDAL，与功能 FDAL 保持一致，其余子功能或项可依据其最严重的失效后果进行适当分级，但必须满足表 2-6 中规定的分配原则。例如，若功能 FDAL 等级为 A 级，则至少一个子功能或项分配的 FDAL 或 IDAL 为 A 级，而其余子功能或项的 FDAL 等级或 IDAL 等级不能低于 C 级。

b. 方法二：至少两个子功能或项分配的 FDAL 或 IDAL 为功能 FDAL 的下一级，其余子功能或项可依据其最严重的失效后果进行适当分级，但必须满足表 2-6 中规定的分配原则。

③串并联关系对应的故障树模型

若子功能或项呈现出串并联关系对应的故障树模型，即或与门，则子功能或项的 FDAL 或 IDAL 分配方法如下：

首先，处于串联关系的子功能或项分配的 FDAL 或 IDAL，与功能 FDAL 保持一致。

而处于并联关系的子功能或项，其 FDAL 或 IDAL 的分配方法可为如下两种方法中的任意一种（可根据实际情况任意选择）：

a. 方法一：至少一个子功能或项分配的 FDAL 或 IDAL，与功能 FDAL 保持一致，其余子功能或项可依据其最严重的失效后果进行适当分级，但必须满足表 2-6 中规定的分配原则。

b. 方法二：至少两个子功能或项分配的 FDAL 或 IDAL 为功能 FDAL 的下一级，其余子功能或项可依据其最严重的失效后果进行适当分级，但必须满足表 2-6 中规定的分配原则。

④并串联关系对应的故障树模型

若子功能或项呈现出并联关系对应的故障树模型，即与或门，则子功能或项的 FDAL 或 IDAL 分配方法如下：

处于并联关系的子功能或项，其 FDAL 或 IDAL 的分配方法可为如下两种方法中的任意一种（可根据实际情况任意选择）：

a. 方法一：至少一个子功能或项分配的 FDAL 或 IDAL，与功能 FDAL 保持一致，其余子功能或项可依据其最严重的失效后果进行适当分级，但必须满足表 2-6 中规定的分配原则。

b. 方法二：至少两个子功能或项分配的 FDAL 或 IDAL 为功能 FDAL 的下一级，其余子功能或项可依据其最严重的失效后果进行适当分级，但必须满足表 2-6 中规定的分配原则。

处于串联关系的子功能或项，其 FDAL 或 IDAL 的分配方法如下：至少一个子功能或项与处于并联关系的子功能或项的最高等级保持一致，其余子功能或项可依据其最严重的失效后果进行适当分级，但必须满足表 2-6 中规定的分配原则。

⑤表决关系对应的故障树模型

若子功能或项呈现出表决关系对应的故障树模型，即表决门，则子功能或项的 FDAL 或 IDAL 分配方法如下：

处于表决器位置的子功能或项分配的 FDAL 或 IDAL，与功能 FDAL 保持一致。

处于其余位置的子功能或项，其 FDAL 或 IDAL 的分配方法可为如下两种方法中的任意一种（可根据实际情况任意选择）：

a. 方法一：至少一个子功能或项分配的 FDAL 或 IDAL，与功能 FDAL 保持一致，其余子功能或项可依据其最严重的失效后果进行适当分级，但必须满足表 2-6 中规定的分配原则。

b. 方法二：至少两个子功能或项分配的 FDAL 或 IDAL 为功能 FDAL 的下一级，其余子功能或项可依据其最严重的失效后果进行适当分级，但必须满足表 2-6 中规定的分配原则。

表 2-6 考虑系统体系结构的功能 FDAL 分配原则

危险影响等级	系统功能只有一个组成项或子功能	系统功能具有多个项或子功能	
		原则 1	原则 2
灾难的	FDAL A	至少有一个子功能或项为 FDAL A。其余子功能或项可依据其最严重的失效后果进行适当分级，但不能低于 FDAL C	至少有两个子功能或项为 FDAL B。其余子功能或项可依据其最严重的失效后果进行适当分级，但不能低于 FDAL C
严重的	FDAL B	至少有一个子功能或项为 FDAL B。其余子功能或项可依据其最严重的失效后果进行适当分级，但不能低于 FDAL D	至少有两个子功能或项为 FDAL C。其余子功能或项可依据其最严重的失效后果进行适当分级，但不能低于 FDAL D
轻度的	FDAL C	至少有一个子功能或项为 FDAL C。其余子功能或项可依据其最严重的失效后果进行适当分级	至少有两个子功能或项为 FDAL D。其余子功能或项可依据其最严重的失效后果进行适当分级
轻微的	FDAL D	至少有一个子功能或项为 FDAL D。其余子功能或项可依据其最严重的失效后果进行适当分级	

（6）基于软件 IDAL 的重要度等级评估

依据系统分配给软件项的 IDAL 等级，确定相应的软件重要度等级。若某个软件项与多个功能危险相关，即分配了多个不同的 IDAL 等级，则此时应选择最高的 IDAL 等级进行软件重要度等级评估。软件重要度级别可划分为 4 个级别，如表 2-7 所示。

表 2-7 基于 IDAL 的软件重要度等级划分表

IDAL 等级	重要度级别	重要度描述	对应软件质量管理工作描述
IDAL A	A	关键	对机载系统运行安全或任务的完成具有关键影响，其开发过程应该执行最严格的软件质量控制要求
IDAL B	B	重要	对机载系统运行安全或任务的完成有重要影响，其开发过程应执行较严格的软件质量控制要求
IDAL C	C	一般	对机载系统运行安全或任务的完成有着一般性的影响，其开发过程应执行一般的软件质量控制要求
IDAL D	D		对机载系统运行安全或任务的完成有轻微影响甚至无影响，其开发过程应执行基本的软件质量控制要求

在表 2-7 中，依据软件 IDAL 等级分配结果，确定软件重要度等级并分为 4 个级别，分别用字母 A ~ D 来表示，字母越靠前，软件重要度等级越高。其中，A 级表示最高的软件重要度等级，应完成的软件质量管理工作就越充分；D 级表示最低的软件重要度等级，应完成的软件质量管理工作相对于 A 级软件可以相对减少或剪裁。

2.2.4　重要度分级方法适用性说明

从方法的易实施性、规范性等角度，本书优先推荐采用基于危险综合评估的重要度分级方法，针对机载软件进行重要度分级。

当机载系统体系架构较为清晰明确时，也可考虑采用基于系统体系结构的重要度分级方法进行补充或验证。

2.3　机载软件产品质量评价

2.3.1　机载软件质量评价模型构建

参考 ISO/IEC 25010、IEEE 982.1 以及 GJB 5236 等标准，依据机载软件研制过程与产品数据，本书构建一个多层级的机载软件质量评价模型，自上而下由一层质量评价指标、二层质量评价指标以及度量元等组成。其中，一级指标分为 6 类，即功能性、可靠性、效率、维护性、易用性、可移植性。每个一级指标由一个或多个二级指标组成，每个二级指标由一个或多个度量元组成。机载软件质量评价模型如表 2-9 所示。

表 2-9　机载软件质量评价模型

	一级指标	二级指标	度量元
软件产品质量	功能性	适合性	（1）软件需求项数密度
			（2）软件设计单元项数密度
			（3）需求实现的覆盖率
			（4）需求的稳定性
			（5）系统需求变更引起的软件变更次数
		准确性	（6）计算的准确性
			（7）精度
		互操作性	（8）数据的可交换性
			（9）接口的一致性
		保密性	（10）访问控制性
			（11）数据加密正确性
		功能性的依从性	（12）系统/子系统规格说明标准符合性
			（13）软件需求规格说明标准符合性
			（14）接口需求规格说明标准符合性

表 2-9（续）

一级指标	二级指标	度量元
可靠性	成熟性	（15）代码缺陷密度
		（16）重要代码缺陷比例
		（17）代码缺陷解决率
		（18）测试需求覆盖率
		（19）语句覆盖率
		（20）分支覆盖率
	容错性	（21）避免失效
		（22）抵御误操作
	易恢复性	（23）易复原性
		（24）复原的有效性
效率	时间特性	（25）时间性能符合性
	资源特性	（26）资源利用率（静态）
		（27）资源利用率（动态）
		（28）处理器平均占用率
维护性	稳定性	（29）更改的影响
		（30）目标码生成方式
	易分析性	（31）注释行测量
	易改变性	（32）平均模块大小
		（33）数据耦合的模块率
		（34）功能耦合的模块率
	易测试性	（35）可测性
		（36）测试环境的完备性
易用性	易学性	（37）易学性
	易操作性	（38）输入的有效性检查
		（39）用户操作的易取消性
	易理解性	（40）功能的易理解性
可移植性	环境适应性	（41）环境的适应性

2.3.2 基于模型的机载软件质量综合评价方法

依据所构建的机载软件质量评价模型，本书提出相应的机载软件质量综合评价方法，从研制过程、成果等多个方面综合反映当前机载软件产品的质量水平。由模型可知，机载软件质量综合评价的过程应该是自下而上层层递进，即首先实现度量元的评价，在此基础上实现二级指标的评价。在二级指标评价的基础上实现一级指标的评价，最终实现机载软件产品的综合评价。

2.3.2.1 质量度量元定义与评价

为实现基于模型的机载软件质量综合评价，首先应对模型中最底层的质量度量元进行评价。具体的评价方法和过程如下：

（1）度量元定义与评价方法

由机载软件质量评价模型可知，如何依据机载软件需求分析、设计、测试等研制数据，明确最低层度量元的定义与评价方法，是开展模型二级指标、一级指标直至软件质量综合评价的基础和前提。因此，本书首先给出每个度量元的相关定义以及评价方法，具体见附录 D。

（2）度量元评价结果归一化处理

依据附录 D 得到的度量元评价结果的范围和趋向性并不完全统一，例如，某些度量元评价结果取值范围在 $[0, 1]$ 之间，且越趋近 1 越好。而某些度量元评价结果在 $[0, +\infty)$，且越趋近 0 越好。因此，在计算一级指标、二级指标的评价结果时，需要先将所有度量元的评价值进行归一化处理，如表 2-10 所示。

表 2-10 归一化方法

评价值	趋向性	归一化处理
$[0, 1]$	越趋近 1 越好	评价值 = 评价值
$[0, 1]$	越趋近 0 越好	评价值 =1- 评价值
$[1, +\infty)$	越趋近 1 越好	评价值 =1/ 评价值
$[1, +\infty)$	越趋近 +∞ 越好	评价值 =1-（1/ 评价值）
$[0, +\infty)$	越趋近 0 越好	评价值 =1/（1+ 评价值）
$[0, +\infty)$	越趋近 +∞ 越好	评价值 =1-［1/（1+ 评价值）］
$[0, +\infty)$	越趋近 1 越好	评价值 = $\begin{cases} 测量值 \\ 1/测量值 \end{cases}$

通过归一化处理，使每一个度量元的评价值值域都落在 $[0, 1]$ 或 $(0, 1]$ 中，且评价值越趋近 1 越好。

（3）度量元分类

此外，根据各项度量元对软件质量评价的目标不同，可将软件质量度量元分为三类：达标项、指标项、参考项，具体分类如表 2-11 所示。

表 2-11 软件质量度量元分类

	一级指标	二级指标	度量元	分类
软件产品质量	功能性	适合性	（1）软件需求项数密度	指标项
			（2）软件设计单元项数密度	指标项
			（3）需求实现的覆盖率	达标项
			（4）需求的稳定性	指标项
		准确性	（5）计算的准确性	指标项
		互操作性	（6）数据的可交换性	达标项
			（7）接口的一致性	指标项
		保密性	（8）访问控制性	指标项
			（9）数据加密正确性	指标项
		功能性的依从性	（10）系统/子系统规格说明标准符合性	指标项
			（11）软件需求规格说明标准符合性	指标项
			（12）接口需求规格说明标准符合性	指标项
	可靠性	成熟性	（13）代码缺陷密度	指标项
			（14）重要代码缺陷比例	指标项
			（15）代码缺陷解决率	达标项
			（16）测试需求覆盖率	指标项
			（17）语句覆盖率	达标项
			（18）分支覆盖率	达标项
		容错性	（19）避免失效	达标项
			（20）抵御误操作	指标项
		易恢复性	（21）易复原性	指标项
			（22）复原的有效性	指标项
	效率	时间特性	（23）时间性能符合性	达标项
		资源特性	（24）资源利用率（静态）	达标项
			（25）资源利用率（动态）	达标项
			（26）处理器平均占用率	达标项
	维护性	稳定性	（27）更改的影响	指标项
		易分析性	（28）注释行测量	指标项
		易改变性	（29）平均模块大小	指标项
			（30）数据耦合的模块率	指标项
			（31）功能耦合的模块率	指标项
		易测试性	（32）可测性	指标项
			（33）测试环境的完备性	指标项

表 2–11（续）

	一级指标	二级指标	度量元	分类
	易用性	易学性	（34）易学性	参考项
		易操作性	（35）输入的有效性检查	指标项
			（36）用户操作的易取消性	参考项
		易理解性	（37）功能的易理解性	参考项
	可移植性	环境适应性	（38）环境的适应性	参考项

①达标项：该度量元是软件的必要条件，当该度量元评价值不满足阈值，则直接决定该软件未达到软件质量要求。其参与软件质量评价结果的计算，各度量元阈值可根据具体软件特点来定义。

②指标项：该度量元是软件所要求的条件，该度量元评价值无强制的阈值要求，且其参与软件质量评价结果的计算。

③参考项：该度量元对软件质量的影响相对较弱，该度量元评价值无阈值要求，且其不参与软件质量评价结果的计算，仅对质量评价工作提供数据参考。

2.3.2.2 二级指标评价结果计算

每一个二级指标的优劣由其所包含的度量元支撑，且每一个度量元的评价结果对该二级指标的评价具有不同的权重，即计算二级指标评价结果采用各质量度量元的评价值加权平均的方法。

假定一个二级指标包含 n 个度量元，该二级指标的评价值为 $V_{\min}$，第 i 个质量度量元的评价值为 v_i，权重为 w_i，则该二级指标的评价值由式（2–1）计算

$$V_{\min} = \frac{\sum_{i=1}^{n} v_i \times w_i}{\sum_{i=1}^{n} w_i} \qquad (2\text{–}1)$$

本书建议的机载软件度量元的权重如表 2–12 所示。

表 2–12 质量度量元权重建议

	一级指标	二级指标	度量元	权重
软件产品质量	功能性	适合性	（1）软件需求项数密度	2
			（2）软件设计单元项数密度	2
			（3）需求实现的覆盖率	4
			（4）需求的稳定性	1
		准确性	（5）计算的准确性	3
		互操作性	（6）数据的可交换性	4
			（7）接口的一致性	1
		保密性	（8）访问控制性	1
			（9）数据加密正确性	1

表 2-12（续）

一级指标	二级指标	度量元	权重
	功能性的依从性	（10）系统/子系统规格说明标准符合性	2
		（11）软件需求规格说明标准符合性	2
		（12）接口需求规格说明标准符合性	2
可靠性	成熟性	（13）代码缺陷密度	2
		（14）重要代码缺陷比例	2
		（15）代码缺陷解决率	4
		（16）测试需求覆盖率	1
		（17）语句覆盖率	4
		（18）分支覆盖率	4
	容错性	（19）避免失效	4
		（20）抵御误操作	2
	易恢复性	（21）易复原性	2
		（22）复原的有效性	2
效率	时间特性	（23）时间性能符合性	4
	资源特性	（24）资源利用率（静态）	4
		（25）资源利用率（动态）	4
		（26）处理器平均占用率	4
维护性	稳定性	（27）更改的影响	2
	易分析性	（28）注释行测量	2
	易改变性	（29）平均模块大小	1
		（30）数据耦合的模块率	1
		（31）功能耦合的模块率	1
	易测试性	（32）可测性	1
		（33）测试环境的完备性	1
易用性	易学性	（34）易学性	2
	易操作性	（35）输入的有效性检查	1
		（36）用户操作的易取消性	1
	易理解性	（37）功能的易理解性	2
可移植性	环境适应性	（38）环境的适应性	1

注：权重值可取 1、2、3、4，其含义如下：1 表示该度量元稍重要；2 表示该度量元一般重要；3 表示该度量元很重要；4 表示该度量元极端重要。

2.3.2.3　一级指标评价结果计算

每一个一级指标的优劣由其所包含的二级指标支撑，且每一个二级指标反映该一级指标的不同方面，其结果对该一级指标的评价具有不同权重，计算一级指标评价方法与计算二级指标评价方法相同，采用各二级指标加权平均的方法。

此外，达标项度量元是软件的必要条件，当该度量元评价值不满足阈值时，引入达标项影响系数 α。α 的取值应根据一级指标所包含的达标项度量元中是否存在不满足阈值的度量元而定义（影响系数 α 的取值范围为（0，1））。

假定一个一级指标包含 m 个二级指标，该一级指标的评价值为 V_{maj}，第 i 个二级指标的评价值为 V_{mi}，第 i 个二级指标的权重为 W_i，则该一级指标的评价值由下式计算

$$V_{\text{maj}} = \frac{\sum\limits_{i=1}^{m} V_{mi} \times W_i}{\sum\limits_{i=1}^{m} W_i} \times \alpha \qquad (2-2)$$

机载软件质量评价模型中二级指标的权重根据自身软件特点选择，例如，根据重要程度由低到高取 1、2、3 以及 4。本书建议的二级指标权重如表 2-13 所示。

表 2-13　二级指标建议权重

	一级指标	二级指标	权重
软件产品质量	功能性	适合性	2
		准确性	3
		互操作性	4
		保密性	2
		功能性的依存性	1
	可靠性	成熟性	3
		容错性	4
		易恢复性	2
	效率	时间特性	4
		资源特性	4
	维护性	稳定性	2
		易分析性	2
		易改变性	2
		易测试性	2
	易用性	易学性	2
		易操作性	2
		易理解性	2
	可移植性	环境适应性	1
		易安装性	1

2.3.2.4 软件质量评价结果计算

软件产品质量是由软件质量评价一级指标支撑的,且每个一级指标反映了软件产品质量的不同方面,其结果对软件产品质量的评估具有不同权重,计算软件产品质量采用一级指标加权平均的方法。

本书建议的一级指标权重如表 2-14 所示。根据重要程度由低到高取 1、2、3 以及 4,也可以根据软件特点调整一级指标的权重。

表 2-14 一级指标建议权重

	一级指标	权 重
软件产品质量	功能性	4
	可靠性	3
	效率	4
	维护性	2
	易用性	1
	可移植性	1

2.3.3 机载软件质量综合评价结果分析

2.3.3.1 二级指标评价结果分析

针对软件质量二级指标评价结果的解释分析如表 2-15 所示。

表 2-15 软件质量二级指标评价结果分析

二级指标	值域	结果解释
适合性	[0, 1]	考察软件产品为指定的任务和目标提供一组合适功能的能力。如果该评价值越接近 1,则软件产品提供的功能越适合制定的任务和目标
准确性	[0, 1]	考察软件产品提供所需精度要求及准确结果的能力。如果该评价值越接近 1,则软件产品的计算结果越满足软件精度及准确要求
互操作性	[0, 1]	考察软件产品与其他交联系统、设备的交互能力。如果该评价值越接近 1,则软件产品互操作性越好
保密性	[0, 1]	考察软件产品抵御非法访问系统或数据的能力。如果软件测试值越接近 1,则软件产品保密性越好
功能性的依从性	[0, 1]	考察软件产品遵循与功能性有关的标准、约定或法规的能力。如果该评价值越接近 1,则软件功能性的依从性越高
成熟性	[0, 1]	考察软件本身存在的故障而导致的软件失效的可能程度。如果该评价值越接近 1,则软件产品由缺陷而导致失效的可能程度越小
容错性	[0, 1]	考察软件发生运行故障或违反规定接口时,软件维持规定性能水平能力的度量。如果该评价值越接近 1,则软件可靠性的容错性越高
易恢复性	[0, 1]	考察软件在失效情况下系统中的软件仍能重新建立适当的性能水平并恢复直接受影响的数据的能力。如果该评价值越接近 1,则软件可靠性的易恢复性越高

表 2–15（续）

二级指标	值域	结果解释
时间特性	[0，1]	考察在规定条件下，软件产品执行其功能时，提供适当响应和处理时间的能力。如果该评价值越接近 1，则软件产品的性能指标越符合顶层文件要求
资源特性	[0，1]	考察在规定条件下，软件产品执行其功能时，提供资源利用率的能力。如果该评价值越接近 1，则软件产品的资源利用率越符合顶层文件要求
稳定性	[0，1]	考察软件产品进行任何修改后的稳定程度。如果该评价值越接近 1，则软件进行修改后稳定程度越好
易分析性	[0，1]	考察维护者或用户在试图诊断软件产品的缺陷或失效的原因时，或标识需要修改的部分时所耗费的工作量或耗费的资源。如果该评价值越接近 1，则软件维护性中的易分析性越好
易改变性	[0，1]	考察维护者或用户在对软件产品进行某项特定的修改时所需耗费的工作量。如果该评价值越接近 1，则软件维护性中的易改变性越好
易测试性	[0，1]	考察软件测试的容易程度。如果该评价值越接近 1，则软件维护性中的易测试性越好
易学性	[0，1]	考察软件产品使用户能学会其应用的能力。如果该评价值越接近 1，则软件易用性中的易学性越好
易操作性	[0，1]	考察软件产品使用户能操作和控制它的能力。如果该评价值越接近 1，则软件易用性中的易操作性越好
易理解性	[0，1]	考察软件产品使用户能理解软件是否合适以及如何能将软件用于特定的任务和使用条件的能力。如果该评价值越接近 1，则软件易用性中的易理解性越好
环境适应性	[0，1]	考察产品对与相关的环境变化的适应程度，如果该评价值越接近 1，则软件产品对于环境变化的适应程度越高

2.3.3.2　一级指标评价结果分析

针对软件质量一级指标评价结果的解释分析如表 2–16 所示。

表 2–16　软件质量一级指标评价结果分析

一级指标	值域	结果解释
功能性	[0，1]	当软件在指定条件下使用时，软件产品提供满足明确和隐含要求的功能的能力。如果该评价值越接近 1，则软件产品提供的功能越满足软件的明确和隐含要求
可靠性	[0，1]	当软件在指定条件下使用时，软件产品维持规定的性能级别的能力。如果该评价值越接近 1，则软件产品在指定使用条件下，越能够维持规定的性能级别
效率	[0，1]	在规定条件下，软件产品提供适当性能的能力。如果该评价值越接近 1，则软件产品在规定条件下的时间特性和资源特性指标越符合顶层文件要求
维护性	[0，1]	考察软件产品可被修改的能力。该评价值越接近 1，则软件产品可被修改的能力越好
易用性	[0，1]	软件产品被理解、学习、使用的能力。该评价值越接近 1，则软件产品被理解、学习、使用的能力越好
可移植性	[0，1]	考察软件产品从一种环境转移到另外一种环境的能力。如果该评价值越接近 1，则软件在从一种环境转移到另外一种环境的能力越强

2.3.3.3　机载软件质量综合评价结果分析

机载软件质量综合评价结果是对软件研制过程和软件产品的综合反映，质量评价结果越好，则意味着软件质量越好。

可根据具体软件类型和要求，确定软件质量综合评价结果的阈值，并根据阈值将 [0，1] 分为"优秀""良好""合格"以及"不合格"四个评价区域，判定软件质量评价等级。若软件质量指标或质量综合评价结果落在哪个区域，则表明软件质量指标或质量综合评价结果为哪种等级。若两个软件产品的质量指标或质量综合评价结果落在同一个评价等级，则评价结果值越大，表明该指标或综合质量表现越优秀。

机载软件质量综合评价结果可以分为四个等级，即优秀、良好、合格、不合格，每个等级的含义是：

（1）优秀：软件质量特性非常好，满足软件产品的质量要求。

（2）良好：软件质量特性较好，满足软件产品的质量要求。

（3）合格：软件质量特性合格，基本满足软件产品的质量要求。

（4）不合格：软件质量特性不合格或至少存在一项达标项不满足阈值要求，不能满足软件产品的质量要求。

2.4　小结

本章重点针对机载软件研制过程中的两项重要的质量管理技术进行了介绍，即机载软件重要度分级技术以及机载软件产品质量评价技术。国内外工程经验表明，软件产品的质量既要从过程上管理起来，也要从源头上控制起来。只有质量管理，而不重视控制，则机载软件质量工作很可能会浮于表面，而无法真正从根本上提升软件质量。同样地，只有质量控制，而不重视管理，则机载软件质量工作很可能陷入细节问题，而无法做到全程规范的管理与把控。

管理确保质量工作过程规范，控制确保产品质量提升，二者相辅相成、互为支撑。机载软件质量既要管得住，又要控得住，标本兼治才能确保机载软件质量水平满足系统指标要求。为面向实际使用、确保航空机载软件具备持续提供稳定服务的能力，本书下一章将站在软件可靠性提升与验证的角度，介绍覆盖航空机载软件研制过程的质量控制技术。

第3章 基于可靠性的航空机载软件质量控制技术

目前国内机载软件质量控制相关的技术工作尚处于起步阶段，很多概念和方法正在不断发展与完善之中。其中，可靠性是确保机载系统持续稳定运行、不频繁出现故障的核心因素，对系统质量的控制与提升具有重要影响。美军 F-22、F-35 等战斗机的机载系统均对软件可靠性提出明确指标要求并加以考核和验证。同样地，在国内航空、航天、电子、轨交等多个领域，软件可靠性也被列为用户最为关注的质量属性，已成为系统研制的迫切需求和重点所在，多项军/民机载软件研制项目均明确要求开展可靠性分析、设计、测试与评估工作。因此，本书将选择可靠性这个关键质量特性，阐述如何实现基于可靠性的机载软件质量控制过程。

3.1 软件可靠性基础概念

3.1.1 软件可靠性定义

软件可靠性（software reliability）是与软件失效或故障密切相关的概念，因此也是软件发布时用户最为关心的质量指标之一。美国电气电子工程师学会（IEEE）标准 IEEE Std 1633—2016《IEEE 软件可靠性工程最佳实践》和 GJB/Z 161《军用软件可靠性评估指南》中将软件可靠性定义如下：

（1）软件在规定的条件下、规定的时间内不引发系统失效的概率。

（2）程序在规定的时段、规定的条件下完成所要求的功能的能力。

其中，对于定义（1），失效概率是与系统输入和系统使用相关的函数，也是软件中存在的缺陷的函数。规定的时间一般可分为执行时间、日历时间和时钟时间。执行时间是指执行一个程序所用的实际时间或中央处理器时间，或者是程序处于执行过程中的一段时间。日历时间指的是编年时间，包括计算机可能未运行的时间。时钟时间是指从程序执行开始到程序执行完毕所经过的钟表时间。而规定条件则指的是软件运行的软硬件环境（软件环境包括运行的操作系统、应用程序、编译系统、数据库系统等；硬件环境包括计算机物理分布、中央处理器（central processing unit，CPU）、Cache 存储器、内存（Memory）、输入/输出（I/O）设备等）以及软件的运行剖面（即软件运行的输入空间及其概率分布，其中输入空间是指软件所有可能的输入值构成的空间）。

定义（1）是一种定量的概念，此时将软件可靠性称为软件可靠度更为确切；而定义（2）则是一种定性的广义概念。

定义（1）的基本数学描述如下：如果把程序看成是输入空间到输出空间的映射，那么程序运行出错就是由于程序没有把某些输入映射到人们所期望的输出上去。假设输入空

间一共有 I 个点，引入一个程序执行变量函数 $Y(i)$，即

$$Y(i) = \begin{cases} 1 & \text{如果输入点 } i \text{ 时，程序运行正确} \\ 0 & \text{否则} \end{cases} \tag{3-1}$$

设 $P(i)$ 是输入点 i 出现的概率，则在这个运行剖面下，一次输入导致程序正确运行的概率为

$$\sum_{i=1}^{I} P(i)Y(i) \tag{3-2}$$

设程序每执行一次的期望时间为 T，则在 $[0, t]$ 时间内软件的运行次数为 t/T 次，因此，这段时间内软件的可靠性可表示为

$$R(t) = \left[\sum_{i=1}^{I} P(i)Y(i)\right]^{t/T} \tag{3-3}$$

由于 I 的值即使不是无穷大，通常也是十分大的数字，$P(i)$ 大小的确定比较困难，因此上面公式只是从本质上反映出软件可靠性定义的概率性质。另外一种基于运行的软件可靠性的数学描述为：设 n 表示在一个特定应用中程序实际运行的次数，c_n 表示正确运行的次数，则 $[0, t]$ 这段时间内，软件的可靠性可表示为

$$R(t) = \left[\lim_{n \to \infty} \frac{c_n}{n}\right]^{t/T} \tag{3-4}$$

3.1.2 软件可靠性与软件安全性的差别和联系

软件可靠性与软件安全性是用户最为关心的两类质量属性。

依据 GJB/Z 161《军用软件可靠性评估指南》，软件可靠性定义为：在规定的条件下、规定的时间内，软件不引起系统失效的能力。

依据 GJB/Z 102A《军用软件安全性设计指南》，软件安全性定义为：软件具有的不导致事故发生的能力。

依据上述定义，对软件可靠性与软件安全性的差别和联系分析如下。

（1）二者的区别

①安全性更关注失效的影响后果，而可靠性更关注失效的频率：软件失效（运行与需求偏离）但未出现系统事故，是可靠性问题；软件失效且出现系统事故，既是可靠性问题也是安全性问题；软件不失效但出现系统事故，是安全性问题。

②软件可靠性工程技术更关注软件可靠性指标实现与定量考核，而软件安全性工程技术则更关注软件安全性能力实现与定性评估。在技术方法上，软件可靠性工程更偏重可靠性指标论证与分配，如基于剖面的可靠性测试、基于模型的可靠性定量评估、基于方案的可靠性验证评估等定量技术，而软件安全性工程则偏重危险分析、失效模式分析、基于失效模式的安全性测试、软件安全性验证评估等定性技术。

③软件可靠性指标要求多为定量指标。例如，失效率不大于 0.01、平均故障间隔时间（MTBF）不小于 300h 等。而软件安全性指标要求多为定性要求，例如，针对开关量数据，需要对其进行滤波处理，增加系统下电异常保护设计等。

（2）二者的联系

①软件可靠性和软件安全性都强调了软件不引起系统某种后果的能力。

②软件可靠性与安全性工作均覆盖整个机载软件生命周期，包括需求、设计、编码、测试、验证等多个阶段。

③软件可靠性与安全性工作中都会有分析、设计等工作。这些工作的方法基本相同，如都采用 FMEA、FTA 等，但侧重点有所不同。软件可靠性分析设计更多关注简化设计、防错设计、人机界面设计等，以降低软件出现失效的概率；软件安全性分析设计则更多关注危险命令处理设计、关键故障告警设计、容错设计等，以避免软件导致系统危险发生。

近年来，在国内外装备领域的标准或研究中，趋向于使用"软件可靠性安全性"的广义概念来统一描述软件可靠性与安全性。这是因为软件可靠性安全性工作在分析设计技术方法上呈现出较高的一致性，使得软件可靠性和安全性的定义界限越来越模糊。例如，在 GJB 5236《军用软件质量度量》与 GJB/Z 102A《军用软件安全性设计指南》中，将软件可靠性与安全性属性统一描述，就体现出这一发展趋势。

因此，针对机载软件来说，其可靠性工作是一个广义的概念，既包含软件可靠性定量指标分配、测试与评估等概念，又包含软件安全性定性要求分析、设计、测试与验证等概念。

3.1.3　常见软件可靠性指标

软件可靠性指标（也称为软件可靠性参数）是定量评估或验证软件可靠性的依据和必要手段。下面介绍若干常见的软件可靠性指标。

3.1.3.1　软件可靠度函数 $R(t)$

软件可靠度函数 $R(t)$ 是指软件在规定的条件下、规定的时间段内完成预定的功能的概率。或者说是软件在规定时间内无失效发生的概率。

设规定的时间段为 t，软件发生失效的时间为 ξ，则

$$R(t) = P(\xi > t) \tag{3-5}$$

一般地，也将软件可靠度函数简称为软件可靠度，用 R 表示。该度量是关于软件失效行为的概率描述，是软件可靠性的基本定义。该度量适用于在规定时间内对无失效工作要求高的软件系统，如航空电子软件系统。

3.1.3.2　软件失效概率函数 $F(t)$ 及失效概率密度函数 $f(t)$

软件失效概率函数 $F(t)$ 表示软件在 $[0, t]$ 时间区间内的累积失效概率，即

$$F(t) = P(\xi \leq t) = 1 - R(t) \tag{3-6}$$

一般地，也可将软件失效概率函数简称为软件的失效概率，用 F 表示。

软件失效概率函数 $F(t)$ 对时间 t 的倒数即为失效概率密度函数 $f(t)$，即

$$f(t) = F'(t) \tag{3-7}$$

3.1.3.3　软件失效数均值函数 $m(t)$

假设软件在 t 时刻探测到的累积失效数为 $N(t)$，$N(t)$ 是一个随机数，且随时间 t 的变化而不同，即 $\{N(t), t>0\}$ 为一随机过程。则 $m(t)$ 为随机变量 $N(t)$ 的均值，即

$$m(t) = E[N(t)] \tag{3-8}$$

需要说明的是，虽然失效数均值函数 $m(t)$ 不是一个直接与软件可靠度 R 相关的度

量，但其是非齐次泊松过程（non-homogeneous poisson process，NHPP）软件可靠性增长模型的主要表达形式，故在此也将其列为一个重要的软件可靠性指标。

3.1.3.4 软件失效强度函数 $\lambda(t)$

软件失效强度函数 $\lambda(t)$ 为失效数均值函数 $m(t)$ 对时间 t 的导数，即

$$\lambda(t) = \frac{\mathrm{d}u(t)}{\mathrm{d}t} \tag{3-9}$$

失效强度函数可以反映失效数 $N(t)$ 均值随时间的变化率。

3.1.3.5 软件失效率函数 $z(t)$

软件失效率是指在 t 时刻尚未发生失效的条件下，在 t 时刻后单位时间内发生失效的概率。设 ξ 为发生失效的时间，Z 为失效率，则有

$$Z(t)\lim_{\Delta t \to 0} \frac{P(t < \xi < t+\Delta t | \xi > t)}{\Delta t} = \lim_{\Delta t \to 0} \frac{P(t < \xi < t+\Delta t)}{P(\xi > t) \cdot \Delta t} =$$
$$\lim_{\Delta t \to 0} \frac{P(t) - R(t+\Delta t)}{R(t) \cdot \Delta t} = \frac{f(t)}{R(t)} \tag{3-10}$$

从定义可以看出，失效率和失效强度是两个不同的概念，失效率的定义和硬件可靠性中瞬时失效率的定义是完全一致的，是基于寿命的观点给出的，它是一个条件概率密度。而失效强度则是基于随机过程定义的，是失效数均值的变化率。

又有

$R(t+\Delta t) = P\{\xi > t+\Delta t\} = P\{(\xi > t) \wedge 在区间 [t, t+\Delta t] 内程序不发生故障\} = R(t)(1+\lambda(t)\Delta t)$，即

$$\frac{\mathrm{d}R(t)}{R(t)} = -\lambda(t)\,\mathrm{d}t \tag{3-11}$$

由上式可得，失效率函数与可靠度函数之间的关系为

$$R(t) = \exp\left[-\int_0^t \lambda(t)\,\mathrm{d}x\right] \tag{3-12}$$

3.1.3.6 平均失效间隔时间（MTBF）

平均失效间隔时间（MTBF）是指从运行开始（作为当前时间），到下一次系统失效之间时间的均值。假设当前时间到下一次系统失效的时间为 ξ，ξ 具有累积概率函数 $F(t) = P(\xi \leq t)$，即可靠度函数 $R(t) = 1-F(t) = P(\xi > t)$，则

$$\mathrm{MTBF} = \int_0^\infty R(t)\,\mathrm{d}t \tag{3-13}$$

仅当失效时间服从指数分布时，MTBF 和失效率存在倒数关系；而当失效率随时间变化时，如在测试、调试阶段，MTBF 和失效率则不一定存在倒数关系。

3.1.3.7 任务可靠度 R_m

任务可靠度 R_m 是指产品在规定的任务剖面内，成功地完成规定任务的概率。假设任务故障服从指数分布，则计算公式为

$$R_m = \mathrm{e}^{-\frac{T}{T_{\mathrm{BCF}}}} \tag{3-14}$$

式中：R_m——任务可靠度；

　　　T——系统的最长任务时间；

　　　T_{BCF}——平均严重失效间隔时间。

3.2　机载软件可靠性指标论证、分配与预计

3.2.1　机载软件可靠性指标论证

本书将阐述如何针对机载软件进行可靠性指标参数及要求论证，从而为软件可靠性指标分配与预计奠定基础。

3.2.1.1　指标参数选取原则

结合机载软件任务、初步技术方案等信息，选择适用于软件的定量指标参数，建立通用可靠性指标参数集合。具体的指标参数选取原则说明如下：

（1）规范性和可继承性原则

选择的可靠性指标参数应来源于相关标准规范列举的可靠性基本参数集，同时相关参数内涵应符合 GJB 1909A、GJB 451A 以及 GJB 368B 等标准的规定，且应满足机载软件研制的工程惯例需要，相关参数的选择应与系统研制各阶段要求、后勤保障方案、维修体系保持一致。

（2）完备性原则

①选择的通用可靠性指标参数应覆盖整个机载软件系统，包括其分系统、机载软件配置项、硬件设备项等。

②选择的通用可靠性指标参数应可以覆盖机载软件寿命剖面和任务剖面各个阶段，应能适应机载软件研制各阶段的要求。例如，方案阶段应选择战备完好性、任务成功性、寿命周期费用等反映总体要求的参数，研制阶段应选择能够设计控制和验证的参数，使用阶段则选择可评估的参数。

③选择的通用可靠性指标参数应能体现机载软件的使命任务、使用环境、使用方式以及各种限制条件等，即可靠性应考虑基本可靠性与任务可靠性要求，维修性应考虑维护保养、预防和修复性维修的要求，保障性应考虑战备完好性和任务成功性、减少维修人力和保障费用的需求，以及与系统保障有关的设计特性和计划的保障资源的要求。

④对于彼此相互依赖、相互制约的通用可靠性指标参数，均应选入。

（3）必要性原则

在满足完备性要求的基础上，剔除冗余和具有相关性的参数，即选择的通用可靠性指标参数不应存在相互关联、互相可转换等关系，应选择符合工程习惯的、效率高的常用参数。

（4）可设计性原则

选择的通用可靠性指标参数应尽可能转化成合同参数，以便承制方进行可靠性设计，对于选定的用于研制合同的通用可靠性指标参数应都是可以设计的。

（5）可验证性原则

在软件研制阶段或者使用阶段，选择的通用可靠性指标参数应可以通过某种方法或者手段进行验证和考核。在确定通用可靠性指标参数的同时，应明确具体参数的验证方法和验证时机。软件通用可靠性指标参数的验证应当结合性能试验共同进行，并规定不同试验中所需收集的数据要求，进行验证考核的方法主要有试验验证、仿真验证、演示验证以及分析验证等。

3.2.1.2 指标要求确定原则

确定机载软件通用可靠性指标要求的主要依据包括：

（1）机载软件完成的任务类型、任务持续时间及次数、设备寿命等方面要求。

（2）机载软件平时战备训练的环境条件，包括使用、维修等环境条件。

（3）机载软件的作战环境条件，包括自然环境、复杂电磁环境等。

（4）机载软件的典型任务剖面，包括各阶段任务的定义及时序关系和持续时间、任务成功判定准则、各种任务的相对频率以及任务所涉及的装备及其使用强度。

（5）机载软件形成初始作战使用能力和保障能力的时机和状态的基本要求。

参考国内外相似机载软件的通用可靠性指标要求，说明机载软件通用可靠性指标要求论证过程如下：

（1）依据相似机载软件，结合新研机载软件的任务需求、使用方案（寿命剖面、任务剖面）、效能分析以及初步总体方案，从机载软件常用可靠性指标参数集合中选择新研软件的可靠性指标参数，形成可靠性指标参数集。

（2）利用相似产品比较、任务需求分析、作战仿真、系统可靠性仿真预计等方法，提出机载软件任务可靠性参数（例如，任务可靠度 R_m）以及基本可靠性参数（例如，MTBF）的目标值。

（3）然后，考虑机载系统组成结构，利用平均分配法、专家评分法等方法，将机载系统可靠性指标参数的目标值，自上而下分解为各个软件基本可靠性指标参数以及任务可靠性指标参数的目标值。

（4）然后，利用分解得到的软件可靠性指标参数，依据任务可靠性模型以及基本可靠性模型，自下而上计算任务可靠性指标参数以及基本可靠性指标参数的预计值。分析指标预计值是否满足目标值要求，如果不满足，则从"指标满足"和"易于实现"等角度，重新调整各个软件的可靠性指标值，直至满足任务可靠性指标参数以及基本可靠性参数的目标值要求。

（5）最后，还可借助专家经验法、类似装备对比法或者杜安模型等方法，将可靠性指标目标值转化为门限值。

3.2.1.3 机载软件可靠性指标参数选取

常见的机载软件可靠性指标参数包括 MTBF、平均故障间隔飞行小时（mean flight hour between failures，MFHBF）、平均维修间隔时间（mean time between maintenance，MTBM）、维护操作之间的平均时间（mean time between maintenance actions，MTBMA）、平均故障修复间隔时间（mean time between repairs，MTBR）、严重故障平均间隔时间（mean time between critical failures，MTBCF）和 R_m。这些参数之间有一定的联系，在具体应用中有时可以相互转换，即存在一定的冗余。针对机载软件，本书将从如下角度来确定最为合适的可靠性指标参数。

对于机载软件来说，常见的可靠性指标参数可分为任务可靠性指标参数与基本可靠性指标参数两大类。任务可靠性指的是产品在规定的任务剖面内完成规定功能的能力，因此，任务可靠性参数与产品的任务剖面相关。而基本可靠性则指的是产品在规定的条件下、规定的时间内，无故障工作的能力。它反映了产品对维修资源的要求。基本可靠性与规定的条件有关，与产品所处的环境条件、应力条件、寿命周期有关，也就是与"寿命剖面"相关。

对于机载软件来说，其通常具有典型的任务特征，也具备典型的连续运行特征。因此，任务可靠性指标参数和基本可靠性指标参数都适用于机载软件。本书将从任务可靠性和基本可靠性两个角度进行机载软件可靠性指标论证。

3.2.1.3.1　常见任务可靠性指标参数

参考 GJB 1909A、GJB 451A 等标准，任务可靠性指标参数主要包括：

（1）严重故障平均时间间隔 T_{BCF}（MTBCF）

T_{BCF} 是任务可靠性的一种典型度量参数。所谓严重故障是指系统完成规定任务必备功能的故障。T_{BCF} 定义为在规定的一系列任务剖面中，产品任务总时间与严重故障总数之比。其计算公式为

$$T_{BCF} = \frac{T_{OM}}{N_{TM}} \tag{3-15}$$

式中：T_{OM}——任务总时间；

　　　N_{TM}——严重故障总数。

所谓严重故障指的是：系统在执行典型任务时，因流程执行部位相关软件故障无法恢复（含采取的备份手段）或导致无法在规定时间完成规定的动作（数据按时按需流动），致使典型任务无法按期完成。

（2）任务可靠度（R_m）

R_m 是指产品在规定的任务剖面内，成功地完成规定任务的概率。假设任务故障服从指数分布，则计算公式为

$$R_m = e^{-\frac{T}{T_{BCF}}} \tag{3-16}$$

式中：R_m——任务可靠度；

　　　T——最长的系统任务时间；

　　　T_{BCF}——平均严重故障间隔时间。

（3）其他

此外，常见的任务可靠性指标参数还包括任务成功概率 P_{MC}、发射可靠度 R_L、飞行可靠度 R_F、发射飞行可靠度 R_D 等。

综上所述，对于机载软件，任务可靠性指标参数可以考虑任务可靠度 R_m 和平均严重故障间隔时间 T_{BCF}。由于任务可靠度 R_m 和平均严重故障间隔时间 T_{BCF} 是可以相互转化的，所以在实际应用中，任务可靠度 R_m 和平均严重故障间隔时间 T_{BCF} 选用一种即可。

3.2.1.3.2　常见基本可靠性指标参数

参考 GJB 1909A、GJB 451A 等标准，基本可靠性指标参数主要包括：

（1）平均故障间隔时间 T_{BF}（MTBF）

T_{BF} 是应用最为广泛的软件可靠性参数，也是写入合同要求的主要可靠性参数。其精确的评估公式见第 3.1.4 小节。在实际应用中，如果软件持续运行，也可以采取如下的近似评估公式

$$T_{BF} = \frac{T_O}{N_T} \tag{3-17}$$

式中：T_O——规定条件下，系统工作总时间；

　　　N_T——故障总数。

（2）平均维修间隔时间 T_{BM}（MTTR）

T_{BM} 是与维修策略有关的可靠性度量。

（3）平均故障前时间 T_{TF}（MTTF）

T_{TF} 是不可修复产品的一个可靠性基本参数。它是在规定的条件和规定的时间内，产品寿命单位总数与故障总数之比。

（4）其他

此外，常见的基本可靠性指标参数还包括平均故障间隔飞行小时 T_{MFHBF}、计划维修间隔时间等。

在上述基本可靠性指标参数中，平均维修间隔时间 T_{BM} 以及计划维修间隔时间为维修性指标。针对机载软件来说，基本可靠性指标参数可以考虑选取平均故障间隔时间 T_{BF}（MTBF）以及平均故障前时间 T_{TF}。

3.2.1.3.3　参考典型装备的可靠性指标选取

由上述两个小节可知，对于机载软件来说，任务可靠性以及基本可靠性都有至少一个指标参数较为适用。我们调研了若干国内外典型软件的可靠性指标参数，为机载软件的可靠性指标参数选取提供参考。

表 3-1　国内外典型装备系统可靠性指标参数选取情况

装备	任务可靠性指标	基本可靠性指标
F-35	任务可靠度	平均故障间隔飞行小时
F-15	任务可靠度	MTBF
F-14	—	MTBF
"狂风"	任务可靠度	MTBF
F-16A	任务可靠度、MTBCF	—
F/A-18A	任务可靠度	MTBF、平均故障间隔飞行小时
E-2C	—	MTBF、MTTF
B-1B	任务可靠度、MTBCF	—
尼米兹级航母装备系统	任务可靠度	—
福特级航母装备系统	任务可靠度	MTBF
国内某型机载系统	—	MTBF
国内某型星载装备系统	任务可靠度	MTBF

由表 3-1 可知，国内外典型装备所选取的任务可靠性指标多为"任务可靠度"，而基本可靠性指标则多为 MTBF。

因此，针对机载软件，本书推荐如下的软件可靠性指标参数：

（1）任务可靠性指标：任务可靠度 R_m。

（2）基本可靠性指标：MTBF。

3.2.1.4　机载软件可靠性指标要求确定

3.2.1.4.1　任务可靠性指标要求确定

机载软件任务可靠性指标要求的确定过程分别阐述如下：

（1）可靠性指标要求确定过程

依据工程惯例，在机载软件的论证与方案阶段，可以采用相似产品类比与德尔菲法相结合的方法，对机载软件任务可靠性指标要求（即目标值）进行定量论证。主要步骤如下：

①选择一个或者多个已有的相似机载软件作为参考，确定相似软件任务可靠性指标（任务可靠度 R_m）的目标值 Q_0。

②分析并确定机载软件任务可靠性指标参数的主要影响因素。通常包括：

a. 新装备的使用强度。

b. 新装备的复杂程度。

c. 新装备的改进程度。

d. 新装备的使用保障能力。

③确定影响因素的权重，推选 n 名专家对以上所有 m 个因素的影响程度打分，k_{ij} 为分数（$i=1$，2，$\cdots$，n；$j=1$，2，$\cdots$，m），分别计算出各因素的权重值 α_j

$$\alpha_j = \frac{\sum\limits_{i=1}^{n} k_{ij}}{\sum\limits_{i=1}^{n}\sum\limits_{j=1}^{m} k_{ij}} \tag{3-18}$$

④建立评分矩阵，对比新机载软件与相似软件之间的差异，利用专家对以上各个影响因素进行评分，建立的评分矩阵如表 3-2 所示。

表 3-2　影响因素评分矩阵

影响因素	δ_1（较低）	δ_2（稍低）	δ_3（相同）	δ_4（稍高）	δ_5（较高）
μ_1					
μ_2					
...					
μ_m					

其中，μ_i 为影响因素，共 m（$m=4$）个，评价等级分为 5 等，为较低、稍低、相同、稍高和较高，分别对应（δ_1，δ_2，δ_3，δ_4，δ_5）分数的量值可以人工确定。对于正相关因素（即因素要求越高，任务成功率越高），需满足 $\delta_1<\delta_2<\delta_3<\delta_4<\delta_5$。对于负相关因素（即因素要求越高，任务成功率越低），需满足 $\delta_1>\delta_2>\delta_3>\delta_4>\delta_5$。

对于机载软件来说，上述四个影响因素的分析说明如下：

a. 新软件使用强度越大，则任务可靠度越低，即该因素为负相关因素。

b. 新软件复杂程度越高，则任务可靠度越低，即该因素为负相关因素。

c. 新软件改进程度越高，则任务可靠度越高，即该因素为正相关因素。

d. 新软件使用保障能力越高，则任务可靠度越高，即该因素为正相关因素。

对于上述四个影响因素，本书分别确定（δ_1，δ_2，δ_3，δ_4，δ_5）的分值如表 3-3 所示。

表 3-3　影响因素评分等级确定

评分值	δ_1	δ_2	δ_3	δ_4	δ_5
使用强度	100	75	50	25	0
复杂程度	100	75	50	25	0
改进程度	0	25	50	75	100
使用保障能力	0	25	50	75	100

依据专家对每个因素的评分结果，可以得到综合评分值为

$$C = \sum_{i=1}^{m} \alpha_i \delta_i \qquad (3-19)$$

式中：C——综合评分值；

m——影响因素的总数；

δ_i——专家评分。

如果有多个专家参与评分，则 δ_i 取所有专家评分的平均值。

⑤最终，可以根据上述评分值，得到任务可靠性指标要求的目标值

$$Q = 1 - \frac{(1 - Q_0)\delta_3}{C} \qquad (3-20)$$

式中：Q_0——相似机载系统对应指标要求的目标值；

δ_3——参数评分矩阵中对应"相同"栏的分数值（即 50）；

C——综合评分值。

需要说明的是：

a. 上述方法所得到的只是机载软件任务可靠性指标（即任务可靠度 R_m）目标值 Q 的初始值。还需要经过合理性分析，进行调整后才能最终确认机载软件任务可靠度指标的定量要求，即利用分解得到的各个软件可靠性指标值，依据机载软件的任务可靠性模型，自下而上计算任务可靠度 R_m 的预计值。分析指标预计值是否满足目标值要求，如果不满足，则从"指标满足"和"易于实现"等角度，重新调整各个软件的可靠性指标值，直至满足任务可靠度 R_m 指标的目标值要求。

b. 借助工程经验或专家评分法，将任务可靠度 R_m 的目标值转化为门限值。

（2）可靠性指标门限值确定

依据工程惯例，可以由任务可靠度 R_m 的目标值 Q 计算门限值 Q_s，即 $Q_s = Q*\beta$。其中，β 可以依据历史经验或者专家评分来确定。

3.2.1.4.2　基本可靠性指标要求确定

机载软件基本可靠性指标要求的确定过程分别阐述如下：

（1）可靠性指标要求确定过程

与任务可靠度指标要求确定的过程相似，在机载系统的论证与方案阶段，可以采用相似产品类比与德尔菲法相结合的方法，对机载软件基本可靠性指标要求（即目标值）进行定量论证。主要步骤如下：

①选择一个或者多个已有的相似机载软件作为参考，确定相似软件基本可靠性指标 MTBF 的目标值 MQ_0。此处，需要假设机载软件故障情况服从指数分布，将 MTBF 目标值 MQ_0 转化为相应的任务可靠度目标值 Q_0，即 $Q_0 = \exp[-(1/MQ_0)*T]$（其中 T 为每次任务的有效

使用时间）之后，再进行后续的指标要求确定。这是因为平均故障间隔时间中的故障指的是"对任务产生影响的故障"，即"机载系统在执行典型任务时，因相关软件故障无法恢复（含采取的备份手段）或导致无法在规定时间内完成规定的动作，致使典型任务无法按期完成"。

②分析并确定机载软件基本可靠性指标参数的主要影响因素。通常包括：

a. 新软件的使用强度。

b. 新软件的复杂程度。

c. 新软件的改进程度。

d. 新软件的使用保障能力。

③确定影响因素的权重，推选 n 名专家对以上所有 m 个因素的影响程度打分，k_{ij} 为分数（i=1，2，…，n；j=1，2，…，m），按式（3-21）分别计算出各因素的权重值 α_j

$$\alpha_j = \frac{\sum\limits_{i=1}^{n} k_{ij}}{\sum\limits_{i=1}^{n}\sum\limits_{j=1}^{m} k_{ij}} \qquad (3-21)$$

④建立评分矩阵，对比新机载软件与相似软件之间的差异，利用专家对以上各个影响因素进行评分，建立的评分矩阵如表 3-4 所示。

表 3-4　影响因素评分矩阵

影响因素	δ_1（较低）	δ_2（稍低）	δ_3（相同）	δ_4（稍高）	δ_5（较高）
μ_1					
μ_2					
…					
μ_m					

其中，μ_i 为影响因素，共 m（m=4）个，评价等级分为 5 等，为较低、稍低、相同、稍高和较高，分别对应（δ_1，δ_2，δ_3，δ_4，δ_5）分数的量值可以人工确定。对于正相关因素（即因素要求越高，运行稳定性越高），需满足 $\delta_1<\delta_2<\delta_3<\delta_4<\delta_5$；对于负相关因素（即因素要求越高，运行稳定性越低），需满足 $\delta_1>\delta_2>\delta_3>\delta_4>\delta_5$。

对于机载软件来说，上述四个影响因素的分析说明如下：

a. 新软件的使用强度越大，则基本可靠度越低，即该因素为负相关因素。

b. 新软件的复杂程度越高，则基本可靠度越低，即该因素为负相关因素。

c. 新软件的改进程度越高，则基本可靠度越高，即该因素为正相关因素。

d. 新软件使用保障能力越高，则基本可靠度越高，即该因素为正相关因素。

对于上述四个影响因素，本书确定（δ_1，δ_2，δ_3，δ_4，δ_5）分值如表 3-5 所示。

表 3-5　影响因素评分等级确定

评分值	δ_1	δ_2	δ_3	δ_4	δ_5
使用强度	100	75	50	25	0
复杂程度	100	75	50	25	0
改进程度	0	25	50	75	100
使用保障能力	0	25	50	75	100

依据专家对每个因素的评分结果，可以得到综合评分值为

$$C = \sum_{i=1}^{m} \alpha_i \delta_i \qquad (3-22)$$

式中：C——综合评分值；

$\quad m$ 为影响因素的总数；

$\quad \delta_i$——专家评分。

如果有多个专家参与评分，则 δ_i 取所有专家评分的平均值。

⑤最终，根据上述评分值，得到机载系统基本可靠性指标要求的目标值为

$$Q = 1 - \frac{(1-Q_0)\delta_3}{C} \qquad (3-23)$$

式中：Q_0——相似系统对应指标要求的目标值；

$\quad \delta_3$——参数评分矩阵中对应"相同"栏的分数值（即 50）；

$\quad C$——综合评分值。

需要说明的是：

a. 上述方法所得到的只是基本可靠性指标目标值 Q 的初始值。还需要经过合理性分析，进行调整后才能最终确认装备基本可靠度指标的定量要求，即利用分解得到的各个软件配置项的 MTBF，依据机载系统的基本可靠性模型，自下而上计算基本可靠性指标 MTBF 的预计值。分析指标预计值是否满足目标值要求，如果不满足，则从"指标满足"和"易于实现"等角度，重新调整各个软件的 MTBF 值，直至满足基本可靠性指标 MTBF 的目标值要求。

b. 还需要借助工程经验法或者专家评分法，将基本可靠性指标 MTBF 的目标值转化为门限值。

（2）可靠性指标门限值确定

依据工程惯例，可以由 MTBF 的目标值 Q 计算门限值 Q_s，即 $Q_s = Q*\beta$。其中，β 可以依据历史经验或者专家评分来确定。

3.2.2　机载软件可靠性框图与建模

可根据 GJB 813 规定的程序和方法建立以产品功能为基础的可靠性模型。可靠性模型包括可靠性框图和相应的数学模型。

机载软件可靠性模型可分为基本可靠性模型以及任务可靠性模型。其中：

（1）基本可靠性模型由基本可靠性框图与相应的数学模型组成，可依据机载软件组成情况进行构建，主要描述软件在机载系统上的部署关系。

（2）任务可靠性模型由任务可靠性框图与相应的数学模型组成，可依据机载软件的任务剖面进行构建，主要描述各类软件在完成各项工作任务时的逻辑关系，可用于任务可靠性模型的构建。

根据可靠性框图描述的可靠性单元之间的连接关系或功能关系，给出对应的可靠性计算数学模型，用于可靠性指标的分配或者预计。下面本书介绍几种典型的可靠性数学模型。

3.2.2.1　串联系统可靠性框图与建模

假设机载软件由 n 个单元组成，当且仅当 n 个单元全部正常工作时，软件才正常工作，此时称机载软件是由 n 个单元构成的可靠性串联系统。

因此，串联系统的可靠度函数为

$$R(t) = P(X > t) = P\left[\min(X_1, X_2, \cdots, X_n) > t\right] = \prod_{i=1}^{n} P(X_i > t) = \prod_{i=1}^{n} R_i(t) \quad (3\text{-}24)$$

即串联系统的可靠度是组成该系统的各独立单元可靠度的乘积。

设第 i 个单元的失效率为 $\lambda_i(t)$，对上式两边进行求导可得

$$R'(t) = \prod_{i=1}^{n} R_i(t) \sum_{i=1}^{n} \frac{R'_i(t)}{R_i(t)} = -R(t) \sum_{i=1}^{n} \lambda_i(t) \quad (3\text{-}25)$$

串联系统的失效率为

$$\lambda(t) = -\frac{R'(t)}{R(t)} = \sum_{i=1}^{n} \lambda_i(t) \quad (3\text{-}26)$$

串联系统的失效率是各个单元的失效率之和。若所有单元故障都服从参数为 λ_i 的指数分布，则系统可靠度为

$$R_s(t) = \prod_{i=1}^{n} R_i(t_i) = \prod_{i=1}^{n} e^{-\lambda_i t_i} \quad (3\text{-}27)$$

当工作时间相同时

$$R_s(t) = e^{-\sum\limits_{i=1}^{n} \lambda_i t} \quad (3\text{-}28)$$

此时系统仍然是指数分布，系统的故障率为 $\sum\limits_{i=1}^{n} \lambda_i$。

当 $\lambda_i = \lambda$ 时

$$R_s(t) = e^{-n\lambda t} \quad (3\text{-}29)$$

在指数分布下，故障率为常数时的平均寿命为

$$\text{MTTF} = \int_0^\infty t f(t) \, dt = \frac{1}{\lambda} \quad (3\text{-}30)$$

上述分析表明，串联系统的可靠度等于各组成单元可靠度的乘积，单元数量越多则系统可靠度越低，且随着串联单元的增加而迅速下降。因此，要提高系统的可靠度，必须减少系统中的单元数量或提高系统中最低单元的可靠度。

组成单元之间以串行方式连接，只要其中有一个要素出现故障，则系统故障，这样的系统可靠性计算模型就是串联系统可靠性模型，如图 3-1 所示。

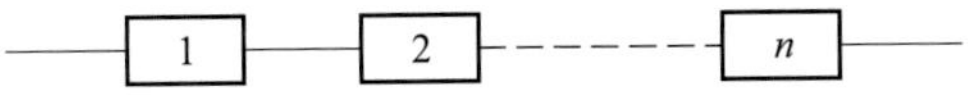

图 3-1　串联系统可靠性模型和计算公式

串联系统的可靠性按式（3-31）计算

$$\lambda = \sum_{i=1}^{n} \lambda_i \quad (3\text{-}31)$$

式中：λ——系统故障率；

　　　λ_i——各组成单元故障率。

产品寿命服从指数分布时，对于不可修复系统，则平均失效前时间为

$$\text{MTTF} = \frac{1}{\lambda} \quad (3\text{-}32)$$

产品寿命服从指数分布时，对于可修复系统，则平均故障间隔时间为

$$\text{MTBF} = \frac{1}{\lambda} \quad (3\text{-}33)$$

3.2.2.2 并联系统可靠性框图与建模

各组成单元之间以并行方式连接，全部要素出现故障，则系统故障，这样的系统可靠性计算模型就是并联系统可靠性模型，如图 3-2 所示。系统可靠度按式（3-34）计算。

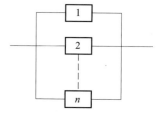

$$R_s\,(\,t\,) = 1 - \prod_{i=1}^{n}\big[\,1 - R_i\,(\,t\,)\,\big] \qquad（3\text{-}34）$$

图 3-2　并联系统可靠性模型和计算公式

式中：$R_s\,(\,t\,)$——系统可靠度；

$R_i\,(\,t\,)$——各组成单元可靠度。

假定第 i 个单元寿命服从参数为 λ_i 的指数分布，系统的可靠度和平均寿命分布分别为

$$R\,(\,t\,) = 1 - \prod_{i=1}^{n}\big(\,1 - e^{-\lambda_i t}\,\big) \qquad（3\text{-}35）$$

$$\mathrm{MTTF} = \int_0^{\infty} R\,(\,t\,)\,\mathrm{d}t = \sum_{i=1}^{n}\frac{1}{\lambda_i} - \sum_{1 \leqslant i \leqslant j \leqslant n}\frac{1}{\lambda_i + \lambda_j} + \cdots + (-1)^{n-1}\frac{1}{\displaystyle\sum_{i=1}^{n}\lambda_i} \qquad（3\text{-}36）$$

当 $\lambda_i = \lambda$ 时，$\mathrm{MTBF} = \dfrac{1}{\lambda} + \dfrac{1}{2\lambda} + \dfrac{1}{3\lambda} + \cdots + \dfrac{1}{n\lambda}$。

可修复系统采用 MTBF，不可修复系统采用 MTTF。

式（3-36）表明，并联系统能提高系统的平均寿命。若两部件并联可使平均寿命提高 50%，三部件并联可再提高 30%，而四部件并联只能再提高 25%。考虑到结构尺寸、重量、成本等因素，一般只用两部件或三部件并联。

3.2.2.3 旁联系统可靠性框图与建模

组成系统的各单元只有一个单元工作，当工作单元故障时，通过转换装置连接到另一个单元继续工作，直到所有单元都故障时系统才故障，此时称系统为旁联系统（或者非工作储备系统）。旁联系统的可靠性框图如图 3-3 所示。

旁联可靠性框图对应的数学模型为

$$R\,(\,t\,) = e^{-\lambda t}\left[\,1 + \lambda t + \frac{(\lambda t)^2}{2\,!} + \cdots + \frac{(\lambda t)^{n-1}}{(n-1)\,!}\,\right] \qquad（3\text{-}37）$$

式中：$R\,(\,t\,)$——系统可靠度；

λ——各组成单元故障率。

3.2.2.4 表决系统可靠性框图与建模

组成单元之间以并行方式连接，如果规定数量的组成单元出现故障，则判定系统故障，这样的系统可靠性计算模型就是表决系统可靠性模型，如图 3-4 所示。系统可靠度按式（3-38）计算。

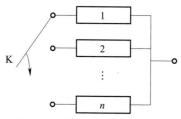

图 3-3　旁联系统可靠性模型

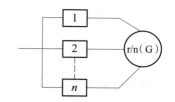

图 3-4　表决系统可靠性模型和计算公式

$$R_s(t) = \sum_{i=r}^{n} c_n^i R(t) \times [1-R(t)]^{n-i} \qquad (3-38)$$

式中：$R_s(t)$——系统可靠度；

　　$R_i(t)$——各组成单元可靠度。

r/n 系统是指 n 个组成单元中只要有 r 个单元能工作，系统就能正常工作。

3.2.3　机载软件可靠性指标分配

3.2.3.1　可靠性指标分配原则

通常情况下，在可靠性指标分配过程中要考虑以下几点因素：

（1）软件配置项的重要性

给重要的机载软件配置项分配较高的可靠性指标，使整个系统软件的可靠性得以提高，确保整个系统软件可靠性满足指标要求。

（2）同类软件配置项的可靠性指标

参考国内外同类软件的可靠性指标，为软件配置项分配相同或者接近的可靠性指标要求，确保软件可靠性指标分配的合理性和可行性，既要易于实现和考核，又要能满足系统顶层指标要求。

（3）软件配置项的复杂度

复杂度高的软件配置项建议不分配较高的可靠性指标，否则整个软件的可靠性指标可能实现不了。相反，复杂度不高的软件配置项建议分配较高的可靠性指标，这样才能使软件的可靠性指标得到平衡。

（4）软件配置项的规模

同复杂度类似，规模大的软件配置项不能分配较高的可靠性指标，而规模较小的软件配置项应该分配较高的可靠性指标。

（5）软件配置项的运行时长（或者使用频率）

对于运行时长或者使用频率较高的软件配置项，应分配较高的可靠性指标，这样可以使整个软件的可靠性得以提高。

（6）软件配置项可靠性指标的调整

可靠性指标分配后，一些软件配置项可能分得过高的可靠性指标，软件难以实现与考核验证。或者可靠性指标分配后，通过软件可靠性预计计算得到整个系统的可靠性指标却无法满足要求。

对这样的问题可通过合理的软件冗余（软件旁联、软件表决等）或适当的负载均衡等设计方法，平衡所有软件配置项的可靠性指标，使所有软件配置项的可靠性指标得以实现，并保证整个系统的可靠性指标满足要求。

3.2.3.2　可靠性指标分配方法

目前，常见的可靠性指标分配方法包括快速分配法、等值分配法、基于重要度的分配法与基于复杂度的分配法等。本书对这几种常见的可靠性指标分配方法介绍如下。

3.2.3.2.1　快速分配法

快速分配法具有如下的技术特征和操作过程。

（1）技术特征

①借鉴类似的旧系统或旧模块的可靠性数据，进行软件可靠性指标分配。

②该方法方便实用，但需要有可借鉴的系统或模块的可靠性数据，对于新开发软件，若没有相应的参考数据，则该方法无法应用。

快速分配法主要包括两种类型：

①相似系统法：如果能找到一个与新开发软件相类似的历史软件，而且这个历史软件在过去使用过程中已积累相当数量的可靠性数据，此时可充分利用这些数据信息，进行新开发软件的可靠性指标分配。在更新软件版本时，常常采用这种方法。

②相似模块法：对于新开发的软件，如果其部分模块与其他软件的模块类似，这时可以借鉴这些相似模块的可靠性数据进行可靠性指标分配。

（2）操作过程

①相似系统法

采用相似系统法时，应区分如下三种假设情况：

假设1：新旧软件体系结构相同，失效率指标要求不同。

假设新旧软件由 n 个模块构成，新软件的失效率指标为 λ_{snew}，旧软件的失效率指标为 λ_{sold}，则新旧软件失效率指标的比例常数按式（3-39）计算

$$\beta = \frac{\lambda_{snew}}{\lambda_{sold}} \qquad (3-39)$$

然后得到新软件第 i 个模块的失效率指标分配值为

$$\lambda_{inew} = \beta \times \lambda_{iold} \qquad i=1,2,\cdots,n \qquad (3-40)$$

假设2：新旧软件体系结构相同，但部分模块失效率指标需要改进。

假设新旧软件由 n 个模块构成，新软件失效率指标为 λ_{snew}，旧软件失效率指标为 λ_{sold}。新软件中有 k 个模块是需要改进的重点，其失效率指标有明确要求。λ_{inew}（$i=1,2,\cdots,k，k<n$）是已知的，则将失效率指标分配给其他 $n-k$ 个模块的步骤为：

a. $\lambda'_{sold} = \lambda_{sold} - \sum_{i=1}^{k} \lambda_{iold}$，$\lambda'_{snew} = \lambda_{snew} - \sum_{i=1}^{k} \lambda_{inew}$。

b. 计算新旧软件失效率指标的比例常数。

c. 新软件中其他 $n-k$ 个模块所应分配的失效率指标为

$$\lambda_{jnew} = \beta \lambda_{jold} \qquad j=k+1,k+2,\cdots,n \qquad (3-41)$$

假设3：新软件在旧软件的基础上增加模块。

假设旧软件由 n 个模块构成，其失效率指标为 λ_{sold}。新软件增加 k 个新模块进行功能扩充，新软件失效率指标为 λ_{snew}。$\lambda_{snew} = \lambda'_{snew} + \lambda''_{snew}$，$\lambda'_{snew}$ 为由 n 个与旧软件相对应的模块构成的失效率指标，λ''_{snew} 为由 k 个新增加的模块构成的失效率指标，具体分配步骤为：

a. 若 λ'_{snew} 和 λ''_{snew} 的指标值没有在相关文档中给出，可由以下公式计算得到：$\lambda'_{snew} = \frac{n}{n+k} \lambda_{snew}$，$\lambda''_{snew} = \frac{k}{n+k} \lambda_{snew}$。

b. 计算比例常数：$\beta = \frac{\lambda_{snew}}{\lambda_{sold}}$。

c. 新软件中原有的 n 个模块的失效率指标为：$\lambda_{inew} = \beta \lambda_{iold}$（$i=1,2,\cdots,n$）。

d. 采用其他方法（例如，基于重要度的分配法、基于复杂度的分配法等），将 λ''_{snew} 分配给新增加的 k 个模块。

②相似模块法

假定新软件包含 $n+k$ 个模块，其中 k 个模块有相似模块的失效率指标数据可以借鉴，相似模块的失效率指标数据为：λ_{n+1old}，λ_{n+2old}，…，λ_{n+kold}。令

$$\lambda_{old}=\lambda_{n+1old}+\lambda_{n+2old}+\cdots+\lambda_{n+kold} \tag{3-42}$$

新软件的失效率指标为 λ_s。将新软件分解为两部分，一部分由 n 个没有参考数据的模块构成，这一部分应该分配到的失效率指标为 λ'_s；另一部分由 k 个有参考失效率指标数据的模块构成，这部分应该分配到的失效率指标为 λ''_s。则该软件的失效率指标分配可按照以下步骤：

a.　令 $A=k\times\lambda_s/(n+k)$。

b.　如果 $A\geqslant\lambda_{old}$，令 $\lambda''_s=\lambda_{old}$，$\lambda'_s=\lambda_s-\lambda''_s$，然后再采用其他方法（例如，基于重要度的分配法、基于复杂度的分配法等）将 λ'_s 分配给其余 n 个模块。

c.　如果 $A<\lambda_{old}$，令 $\lambda''_s=A$，求比例系数 $\beta=\lambda''_s/\lambda_{old}$，分配失效率指标给第 $n+1$，$n+2$，…，$n+k$ 个模块：$\lambda_{n+i}=\beta\times\lambda_{n+iold}$，再令 $\lambda''_s=\sum_{i=1}^{k}\lambda_{n+1}$，$\lambda'_s=\lambda_s-\lambda''_s$，最后采用其他方法，将 λ'_s 分配给其余的 n 个模块。

3.2.3.2.2　等值分配法

等值分配法具有如下的技术特征和操作过程：

（1）技术特征

①等值分配法简单易用，适用于顺序或并行执行等组成结构较为简单的软件。

②但该方法未考虑各模块之间的重要属性，如重要度、复杂度等的不同，只是单纯的平均分配，对于那些需要精确分配各模块可靠性指标的系统可能效果不好。

等值分配法主要包括两种类型：

①顺序执行等值分配法：如果软件各模块是顺序执行的，则可用顺序执行等值分配法将可靠性指标分配到各个模块。

②并行执行等值分配法：如果软件各模块是并行执行的，则可用并行执行等值分配法将可靠性指标分配到各个模块。

（2）操作过程

①并行执行等值分配法

具体分配步骤为：

a.　确定总失效率指标 λ_s。

b.　确定模块数 M。

c.　对于每一个模块，其失效率指标为 $\lambda_i=\lambda_s$（$i=1,2,\cdots,M$）。

事实上，"并行执行"意味着所有模块均失效才会导致软件失效，因此只要每个模块的失效率指标和软件失效率指标一样就能满足指标要求。

②顺序执行等值分配法

具体分配步骤为：

a.　确定总失效率指标 λ_s。

b.　确定模块数 M。

c.　对于每一模块，其失效率指标为 $\lambda_i=\lambda_s/M$（$i=1,2,\cdots,M$）。

事实上，顺序执行意味着任何一个模块失效都会导致系统失效，因此，每个模块的失效率指标要比软件失效率指标小才能满足指标要求。

3.2.3.2.3 基于重要度的分配法

基于重要度的分配法具有如下的技术特征和操作过程：

（1）技术特征

①当系统中每个软件 CSCI 的重要度为已知时，就可以用该技术为各个软件 CSCI 可靠性指标分配适当的权值。

②可通过分析软件运行对系统任务完成的影响，以及软件失效对系统危险的影响等方式来确定软件 CSCI 的重要度等级。

③重要度等级越高，CSCI 分配的可靠性指标值越高。

（2）操作过程

①确定系统的失效率指标值 λ_s。

②确定系统中 CSCI 的数目 N。

③对于每个 $CSCI_i$（$i=1, 2, 3, \cdots, N$），确定它的重要度 c_i，c_i 越低，该 CSCI 就越关键。

④计算所有的 CSCI 重要度之和 $C=\sum_{i=1}^{N} C_i$。

⑤计算每个 CSCI 的失效率指标：$\lambda_i = \dfrac{\lambda_s c_i}{C}$。

3.2.3.2.4 基于复杂度的分配法

基于复杂度的分配法具有如下的技术特征和操作过程：

（1）技术特征

①依据 CSCI 复杂度为软件系统中各 CSCI 分配可靠性指标值。

②复杂度越高，要达到规定的可靠性指标所付出的努力就越多。因此，可靠性指标值的分配与软件复杂度成线性关系，即对于复杂度高的 CSCI 可以分配较高的可靠性指标值。

（2）操作过程

①确定软件系统失效率指标值 λ_s。

②确定软件系统中 CSCI 的数目 N。

③对于每个 $CSCI_i$（$i=1, 2, 3, \cdots, N$），对它的复杂度 w_i 进行度量。可采用代码行数、McCabe 圈复杂度、软件功能点数等方法对软件复杂度进行度量。以 McCabe 圈复杂度为例，说明具体的度量过程：McCabe 圈复杂度法认为软件复杂度很大程度上取决于软件程序流程图的复杂性。例如，单一的顺序结构最为简单，循环或选择所构成的环路越多，软件程序越复杂。这种方法以图论为工具，先画出软件程序流程图，再以图中的环路数作为复杂度的度量值。因此，McCabe 圈复杂度的计算公式为 $W(G)=m-n+2p$。其中，m 是流程图中的弧数，n 是流程图中的节点数，p 是流程图中强连通分量个数。

④计算所有 CSCI 复杂度之和 W：$W=\sum_{i=1}^{N} w_i$。

⑤计算每个 CSCI 的失效率指标：

$$\lambda_i = \frac{\lambda_s w_i}{W} \qquad i=1, 2, 3, \cdots, N \qquad （3-43）$$

3.2.3.2.5　基于操作剖面的分配法

基于操作剖面的分配法具有如下的技术特征和操作过程：

（1）技术特征

①考虑软件使用情况来分配可靠性指标。

②优点是直观简单且易于操作。

③缺点是操作剖面在设计早期不易获取，并且未考虑如软件本身的特性等因素对可靠性指标分配的影响。

可由如下两种方法来构造操作剖面：

①表格法：每一个操作都有一个名字，并且每个名字都有一个相关的概率。对于表格表示的操作剖面，通过计算每个操作的发生概率分配该操作的可靠性指标值。

②图形法：将每一个操作表示为通过图的一条路径，这种图包含一个节点集，标识操作的属性，还包含分支，标识属性的不同值。每个属性值都有一个相关联的出现概率。

（2）操作过程

①基于表格操作剖面的分配过程

首先，依据表格法构造软件操作剖面，如表 3-6 所示。

表 3-6　基于表格法的操作剖面示例

操作	操作数 /h	操作发生概率
操作 1	1400	0.140
操作 2	1150	0.115
操作 3	1350	0.135
操作 4	1200	0.120
…	…	…
操作 n	1000	0.100
总计	10000	1.0

然后，依据每个操作的发生概率将失效率指标分配给该操作。例如，软件的失效率指标是 10 个 /10^3h，操作 1 的发生概率是 0.140，那么操作 1 可以分配的失效率指标是 1.4 个 /10^3h，如表 3-7 所示。

表 3-7　表格操作剖面的软件可靠性指标分配

操作	操作的发生概率	分配的失效率指标 /（个 /10^3h）
操作 1	0.140	1.40
操作 2	0.115	1.15
操作 3	0.135	1.35
操作 4	0.120	1.20
…	…	
操作 n	0.100	1.00
总计	1.0	10

②基于图形操作剖面的分配过程

首先，依据图形法构造软件操作剖面，如图 3-5 所示。

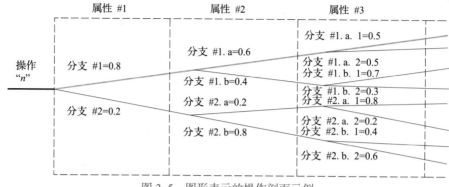

图 3-5　图形表示的操作剖面示例

通过每个属性的分支的发生概率分配该属性分支关联的子系统 / 模块失效率指标值。例如，属性 1 的失效率指标是 10 个 /10^3h，其分支 1 的发生概率是 0.8，那么分支 1 可以分配的失效率指标是 8 个 /10^3h，如表 3-8 所示。

表 3-8　图形操作剖面的软件可靠性指标分配

分支	发生概率	分配的失效率指标 / （个 /10^3h）
属性 #1	1.0	10.00
分支 #1	0.8	8.00
分支 #2	0.2	2.00
属性 #2		
分支 #1		8.00
分支 #a	0.6	4.80
分支 #b	0.4	3.20
分支 #2		2.00
分支 #a	0.2	0.40
分支 #b	0.8	1.60

3.2.3.2.6　基于软件可靠性模型的分配法

基于软件可靠性模型的分配法具有如下的技术特征和操作过程：

（1）技术特征

①依据软件特征，选用一种合适的软件可靠性模型，对软件交付时的可靠性参数值进行估计。

②然后根据估计出的可靠性参数结果，将可靠性指标按一定的比率分配到各个模块中。

（2）操作过程

可根据软件特征，选择一种合适的软件可靠性模型计算出每一模块的初始失效率度量值。本书选用 Musa 基本执行时间模型作为示例，说明如下

$$\lambda_{0i}=r_i K \omega_{0i}/I_i \tag{3-44}$$

式中：r_i——计算机每秒执行的指令条数；

K——缺陷暴露系数（默认值是 4.2×10^{-7}，与软件开发组织的效率有关）；

ω_{0i}——初始缺陷密度；

I_i——模块 i 的指令条数。

根据式（3-44），预计每个模块在交付时的失效率度量值

$$\lambda_i(t) = \lambda_0 \exp\left[-\beta_i t u_i\right] u_i \qquad (3-45)$$

式中：t——进行软件测试时各个模块运行的时间；

$\beta_i = B\lambda_{0i}/\omega_{0i}$，其中 B 是缺陷降低因子（排除掉的固有缺陷数与失效数之比，经验值是 0.96）；

u_i——模块 i 运行的概率。

根据上式估计出的失效率度量值，得到每个模块相对失效权重 ω_i 为

$$\omega_i = \lambda_i(t) / \sum \lambda_i(t) \qquad (3-46)$$

再依据上式，将失效率指标值分配给各个模块，失效率指标按式（3-47）计算

$$\lambda_i^* = \lambda_s \omega_i \qquad (3-47)$$

3.2.3.2.7　基于相似产品与综合评分的分配法

除了上述几种比较经典的软件可靠性指标分配方法，本书还给出了一种结合相似产品法与综合评分法的软件可靠性指标分配方法。具体过程如下：

（1）基于相似产品法的软件可靠性指标分配范围确定

参考国内外相似装备系统的软件可靠性指标，依据系统使用强度、复杂程度、改进程度、使用保障能力等因素，借助相似产品法，确定当前软件可靠性指标的取值范围。具体过程如下：

①对国内外相似软件可靠性指标值进行分析，确定上限值 Q_0 或者下限值 Q_1。

②软件可靠性指标分配影响因素包括：

a. 新软件的使用强度。

b. 新软件的复杂程度。

c. 新软件的改进程度。

d. 新软件的使用保障能力。

③确定影响因素的权重

推选 n 名专家对以上所有 m 个因素的影响程度打分，k_{ij} 为分数（$i=1, 2, …, n; j=1, 2, …, m$），分别计算出各因素的权重值 α_j 为

$$\alpha_j = \frac{\sum\limits_{i=1}^{n} k_{ij}}{\sum\limits_{i=1}^{n} \sum\limits_{j=1}^{m} k_{ij}} \qquad (3-48)$$

④建立评分矩阵

对比新机载软件与相似机载软件之间的差异，利用专家对以上各个影响因素进行评分，建立的评分矩阵如表 3-9 所示。

表 3-9　影响因素评分矩阵

影响因素	δ_1（较低）	δ_2（稍低）	δ_3（相同）	δ_4（稍高）	δ_5（较高）
μ_1					
μ_2					
…					
μ_m					

其中: μ_i 为影响因素, 共 m ($m=4$) 个, 评价等级分为5等, 为较低、稍低、相同、稍高和较高, 分别对应 (δ_1, δ_2, δ_3, δ_4, δ_5) 分数量值可以人工确定。对于正相关因素 (即因素要求越高, 运行稳定性越高), 需满足 $\delta_1 < \delta_2 < \delta_3 < \delta_4 < \delta_5$; 对于负相关因素 (即因素要求越高, 运行稳定性越低), 需满足 $\delta_1 > \delta_2 > \delta_3 > \delta_4 > \delta_5$。

针对新机载软件, 上述四个影响因素的分析说明如下:

a. 新软件的使用强度越大, 则可靠度越低, 即该因素为负相关因素。

b. 新软件复杂程度越高, 则可靠度越低, 即该因素为负相关因素。

c. 新软件改进程度越高, 则可靠度越高, 即该因素为正相关因素。

d. 新软件使用保障能力越高, 则可靠度越高, 即该因素为正相关因素。

对于上述四个影响因素, 可分别确定 (δ_1, δ_2, δ_3, δ_4, δ_5) 分值, 如表3-10所示。

表3-10　影响因素评分等级确定

评分值	δ_1	δ_2	δ_3	δ_4	δ_5
使用强度	100	75	50	25	0
复杂程度	100	75	50	25	0
改进程度	0	25	50	75	100
使用保障能力	0	25	50	75	100

依据专家对每个因素的评分结果, 可以得到专家评分值为

$$C = \sum_{i=1}^{m} \alpha_i \delta_i \qquad (3-49)$$

式中: C——专家评分值;

δ_i——所有专家评分。如果有多个专家参与评分, 则 δ_i 取所有专家评分的平均值。

⑤根据上述评分值, 确定当前可靠性指标的上限值 Q_U 和下限值 Q_L 为

$$Q_U = 1 - \frac{(1 - Q_0)\delta_3}{C} \qquad (3-50)$$

$$Q_L = 1 - \frac{(1 - Q_1)\delta_3}{C} \qquad (3-51)$$

式中: Q_0——相似软件可靠性指标的上限值;

δ_3——参数评分矩阵中对应"相同"栏的分数值 (即50);

C——专家评分值;

Q_1——相似软件可靠性指标的下限值。

(2) 基于可靠性框图的重要度评分法

①重要度评分表制定

从任务关键度、运行时长等角度制定的软件重要度评分表格见表3-11。

表3-11　重要度评分表格

软件项	任务关键度评分值	运行时长评分值	重要度评分值

　　a. 任务关键度可依据软件负责完成的任务或功能的关键程度进行确定。例如，可将软件的任务关键度分为"任务关键"和"非任务关键"两种。

　　b. 运行时长可依据软件完成系统任务的运行时间比率来确定。例如，可将运行时长分为 1、0.5、0.3、0.1 四类，其中 1 表示在整个任务完成过程中，软件项一直运行；0.5 表示在整个过程中，软件项执行时间与系统运行时间的比值为 0.5 等。

　　②重要度评分值域确定

　　依据软件可靠性指标分配范围（上限值 Q_U 和下限值 Q_L）以及系统可靠性指标要求 R，计算组成项重要度的评分值域，即评分上限值 G_U 和评分下限值 G_L。

$$G_U=Q_U/R, \quad G_L=Q_L/R \tag{3-52}$$

　　（3）基于重要度评分的软件可靠性指标分配过程

　　可依据重要度评分值域，结合软件项任务关键度和运行时长，确定软件项重要度的评分索引值。例如，假设重要度评分值域为（13、27），则重要度评分索引值的确定过程如下：

　　①基于任务关键度的评分原则：如果软件项为"任务关键"，则可设置其评分值为 15；如果组成项为"非任务关键"，则评分值为 12。

　　②基于运行比率的评分原则：如果软件项的运行比率为 0.1，则评分值为 2 分；运行比率为 0.2，则评分值为 4 分；运行比率为 0.3，则评分值为 6 分；运行比率为 1，则评分值为 10 分。

　　最后，从任务关键度和运行比率两个角度分别给组成项打分后求和，得到重要度评分值 G_S 的索引表，如表 3-12 所示。

表 3-12　重要度评分值 G_S 索引表

项目	0.1	0.2	0.3	1
任务关键	17 分	19 分	21 分	25 分
非任务关键	14 分	16 分	18 分	22 分

　　最后，依据重要度评分值 G_S 以及系统可靠性指标要求 R，获得软件配置项的可靠性指标要求分配值 $R_S=R \times G_S$。

3.2.4　机载软件可靠性指标预计

　　将每个软件配置项的可靠性指标分配值 R_S，代入系统可靠性框图中，借助串联、并联、表决、旁联等数学模型，对软件配置项所属系统的可靠性指标自下而上进行预计，获得系统可靠性指标预计值 R_P。根据系统可靠性指标预计结果，确认软件配置项可靠性指标分配值 R_S 是否合理，即：

　　（1）如果系统可靠性指标预计值 R_P 等于或者优于系统可靠性指标要求 R，则本次软件可靠性指标分配值是合理的。

　　（2）如果系统可靠性指标预计值 R_P 差于系统可靠性指标要求 R，则本次软件可靠性指标分配值是不合理的，需重新进行分配。

　　而如果软件配置项的可靠性指标分配值是合理的，则此时可从"指标可考核性"和"指标经济性"两个角度不断进行权衡，确定最佳的可靠性指标分配值，具体过程如下：

　　（1）将软件配置项的可靠性指标值 R_S 适当下调，并重新代入可靠性框图中进行系统可靠性指标预计。

（2）如果下调后的可靠性指标值 R_S 依然合理，则继续适当下调，直至寻找到最小且合理的可靠性指标值 R_S，作为本次软件配置项可靠性指标的分配终值。

（3）反之，如果下调后的可靠性指标值 R_S 不合理，则可以适当上调，直至寻找到最小且合理的可靠性指标值 R_S，作为本次软件配置项可靠性指标的分配终值。

3.3　机载软件可靠性分析

3.3.1　标准要求适用性分析

针对 GJB 900A、GJB/Z 102A 等标准进行分析，结合机载软件特点，选取适用于机载软件的安全性分析要求，如表 3-13 所示。

表 3-13　适用于机载软件的标准要求

序号	标准要求
1	应进行数据合理性检查，包括数据属性（值域、变化率等）、数值运算范围、数据精度、依从关系、时间范围
2	应保证在上电、电源波动和中断、系统错误或硬件失效情况下的接口安全
3	应进行信息冗余分析，安全关键信息（包括重要程序和数据）应保存到两个或更多存储空间，安全关键功能的重要信息应通过两个或更多方式产生、收集、传输和表决判断
4	应分析通信协议，包括物理层协议（传输协议、传输率、误码率、同步通信或异步通信、基本数据格式）和逻辑层协议（通信数据量、帧格式、数据内容、换算要求、字节之间和帧之间的时间关系），进行有效性校验
5	数据传输报文应是预先规定的格式和内容，应至少使用奇偶校验检查数据传输的正确性，必要时使用 CRC 校验
6	应进行危险命令分析，包括接收、传送或者启动关键信号或危险命令的硬件或软件功能；分析由于通信电磁干扰、设备故障或人员差错，出现不希望或不正确响应命令的情况
7	应进行数据合理性检查，包括数据属性（值域、变化率等）、数值运算范围、数据精度、依从关系、时间范围
8	应进行时间处理分析，包括临界时间、自动安全保护时间、执行时间
9	当软件与硬件合作实现一个安全关键功能时，各自的作用、时序和失效模式应在《软件需求规格说明》中明确描述，并获得相关分系统的认可
10	应验证软件安全性可靠性需求对潜在失效提供正确的响应，包括：限制范围、相互依赖限制范围的逻辑关系、失序事件保护、表决逻辑、定时问题、故障检测、隔离与恢复（FDIR）、容失效的切换逻辑，以及在需要时达到并维持某个安全状态的能力等
11	应进行接口分析，包括功能接口、物理接口和人机界面接口，分析接口出错情况
12	发送方应充分考虑接收方的数据处理能力（内存、处理时序、处理时间和处理能力）
13	应规定故障检测、隔离和恢复机制
14	对于危险控制的冗余措施，应规定冗余策略（冷备份、热备份）和转换逻辑

表 3–13（续）

序号	标准要求
15	冗余管理 / 转换逻辑。对于要求冗余的任何危险控制，应规定冗余策略（冷备份、热备份）和转换逻辑
16	应规定故障检测、隔离和恢复机制
17	应规定数据采集的要求，说明被采集数据的特性、要求和范围。对重要的数据在使用前后都要进行检查
18	对于所有模拟和数字输入和输出，应在按照这些值执行安全关键功能之前进行范围和合理性检查，包括时间范围、依从关系和合理性检查
19	对规定时间内要完成规定任务的软件，不能采用没有把握在一定时间内算出结果的算法。例如，不应采用只有"计算迭代到 $|\Delta| < \varepsilon$ 为止"的算法，而采用迭代到一定次数为止，或者迭代到 $|\Delta| < \varepsilon$ 或一定次数为止
20	向操作员提供的安全关键显示信息、图标及其他人机交互方式应清晰、简明且无二义性
21	包含在不同页面的所有必要信息应相互一致
22	确保无效的操作员请求被加上标记，并向操作员指明
23	安全关键状态变更时，确保有状态变更报告
24	能清晰区别关键输入，检查输入的范围和合法性
25	提供适当且及时的反馈。如果操作完成，则应给出指示；如果将出现进一步的选项或者行动，则也应说明之；应使操作员能够感觉到对系统的控制以及系统对其行动的响应
26	提供表明软件正在运行的实时指示
27	需要若干秒或更长时间的处理功能，在处理期间应向操作员提供状态指示
28	误操作防护。软件应能检测不正确的操作员录入或操作，并防止由于该差错的结果而执行安全关键功能。对于该错误录入或操作应向操作员报警。报警应包括错误信息和纠正措施。软件还应提供对有效数据的录入，并向操作员提供可视和 / 或声音反馈，使操作员知道系统已经接受该动作并正在处理它

3.3.2 机载软件失效模式分析准则

依据标准要求以及软件需求设计元素，针对历史机载软件失效数据（测试问题单、外场使用问题记录等）进行总结提炼与分析，从外部输入接口、功能处理逻辑、故障处理策略、控制设备状态、余度设计策略、工作状态方式等角度，分别制定机载软件失效模式分析准则，具体过程如图 3-6 所示。

依据上述规范化的机载软件失效数据，参考标准要求，对其进行分析挖掘，提炼适用于机载软件的失效模式分析准则。具体内容如下：

（1）依据 GJB 438B/C 等标准，从失效数据的"失效原因""失效描述"等数据字段中，提取与失效数据相关的接口数据、功能逻辑、工作状态等需求，即明确外部接口协议、数据内容、关联设备、余度设计等需求，功能逻辑处理过程、时序约束、并发、组合等需求，以及工作状态的转移条件、状态场景等需求。

（2）依据 GJB/Z 102A、GJB/Z 1391 等标准，从失效数据的"失效原因""失效描述"以及"控制措施中"，总结提炼各类需求的异常内容，例如，接口数据缺陷、时序约束违背、任务场景异常、功能逻辑错误、软硬耦合冲突、余度设计错误等，再借助模式理论、集合论等方法，对这些需求的异常内容进行提炼总结，形成相应的软件失效模式信息。

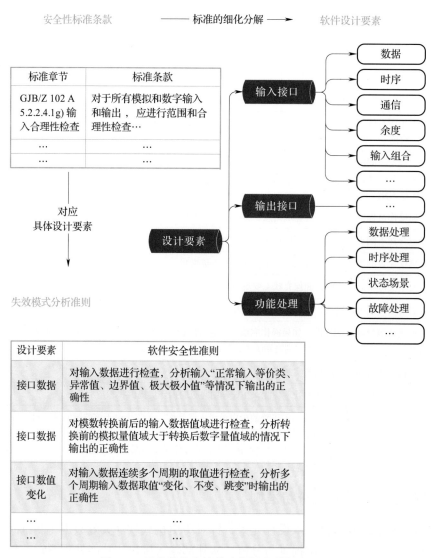

图 3-6　机载软件失效模式分析准则制定过程

（3）参考 GJB/Z 102A 等标准，将失效数据中提炼出来的需求以及失效模式进行组合，形成软件失效模式分析准则，即明确针对机载软件开展失效模式分析的对象、过程、内容、要求等信息。

依据机载软件需求、标准要求，以及机载软件失效模式，从接口数据、控制逻辑、时序约束、故障处理、软硬耦合、设备状态、余度设计、状态场景、功能组合等角度，制定机载软件失效模式分析准则。

3.3.2.1　接口数据失效模式分析准则

从数据取值、通信过程等角度，制定软件接口数据失效模式分析准则：

（1）数据取值

针对外部接口数据的取值区间、初始值 / 安全值等取值信息，制定的软件失效模式分析准则如表 3-14 所示。

表 3-14　数据取值分析准则

序号	分析准则
1	对接口数据中具有连续型值域的数据位进行检查，分析数据位取值为"正常值等价类、异常值等价类"等情况下输出的正确性
2	对接口数据中具有连续型值域的数据位进行检查，分析数据位取值为"边界值、极大极小值"等情况下输出的正确性
3	对接口数据中具有离散型值域的数据位进行检查，分析数据位取值为"有效值域的每项枚举值"等情况下输出的正确性
4	对接口数据中具有离散型值域的数据位进行检查，分析数据位取值为"有效值域外未定义的异常值"等情况下输出的正确性

（2）通信过程

针对接口通信协议中的数据帧格式信息，制定的软件失效模式分析准则如表 3-15 所示。

表 3-15　通信过程分析准则

序号	分析准则
1	对接口数据帧的通信协议进行检查，分析"帧头、帧尾错误"等情况下输出的正确性
2	对接口数据帧的通信协议进行检查，分析数据帧长度"大于规定长度、小于规定长度"等情况下输出的正确性

3.3.2.2　控制逻辑失效模式分析准则

从控制解算、处理逻辑等角度，制定控制逻辑失效分析准则。

（1）控制解算

针对控制律解算和数据处理解算（例如，大气参数解算）等功能逻辑，制定的软件失效模式分析准则如表 3-16 所示。

表 3-16　控制解算分析准则

序号	分析准则
1	不同状态、工作阶段下功能的控制解算过程不同，对功能输入进行检查，分析"未考虑工作阶段、未考虑工作状态"等情况下功能处理的正确性
2	对各类机载软件控制解算过程进行检查，分析控制解算过程出现超时，即未在规定时间内返回控制律解算结果等情况下，功能处理的正确性

（2）处理逻辑

针对软件功能处理逻辑，例如，条件判断、操作过程等信息，制定的软件失效模式分析准则如表 3-17 所示。

表3-17　逻辑处理分析准则

序号	分析准则
1	对功能的执行条件进行检查，分析功能执行过程中执行条件"不满足、再次满足"等情况下功能处理的正确性
2	两个或多个存在转移关系的状态具有同一个功能，对状态转移前后功能的执行情况进行检查，分析功能在状态转移后"开始执行、保持执行、中断执行"等情况下功能处理的正确性

3.3.2.3　时序约束失效模式分析准则

针对软件接口数据以及功能任务的传输周期、持续时间、执行时刻等时序信息，制定的软件失效模式分析准则如表3-18所示。

（1）任务时序

表3-18　任务时序分析准则

序号	分析准则
1	针对各项任务的持续时间进行检查，分析任务持续时间大于规定时间等情况下，功能处理的正确性
2	针对各项任务的持续时间进行检查，分析任务持续时间小于规定时间等情况下，功能处理的正确性

（2）接口时序

针对接口数据的接收周期、取值时刻、持续时间等时序关系信息，制定的软件失效模式分析准则如表3-19所示。

表3-19　接口时序分析准则

序号	分析准则
1	对接口数据的取值周期进行检查，分析输入取值周期为"大于规定周期、小于规定周期、极大极小值"等情况下输出的正确性
2	对接口数据的取值周期进行检查，分析输入取值周期为"极大值、极小值"等情况下输出的正确性

3.3.2.4　故障处理失效模式分析准则

针对软件故障诊断、故障处理、故障复位等策略，制定的软件失效模式分析准则如表3-20所示。

表3-20　故障处理策略分析准则

序号	分析准则
1	针对每种故障标识定义检查，分析与该故障标识相关功能运行时，是否均考虑该故障标识为有效时的异常情况处理
2	针对每种故障标识定义及相关功能进行检查，分析是否每种故障标识都具备相应的故障诊断策略、故障处理策略以及故障恢复策略

3.3.2.5　软硬耦合失效模式分析准则

针对机载软件对执行机构进行控制时的软硬耦合关系（包括控制耦合、数据耦合等），制定软硬耦合失效模式分析准则，如表3-21所示。

表 3-21　软硬耦合分析准则

序号	分析准则
1	针对机载软件控制过程进行检查，分析执行机构"不响应控制指令、延迟响应控制指令、错误响应控制指令"等情况下功能处理的正确性
2	针对机载软件控制过程进行检查，分析执行机构"运动位置超过物理限位"等情况下功能处理的正确性

3.3.2.6　设备状态失效模式分析准则

针对软件所交联的外部设备（源设备 / 目的设备）工作状态，制定的软件失效模式分析准则如表 3-22 所示。

表 3-22　设备状态分析准则

序号	分析准则
1	针对外部硬件设备状态进行判断，分析"硬件设备处于故障状态"等情况下软件处理的正确性
2	针对外部硬件设备状态进行判断，分析"硬件设备处于上电初始化状态"等情况下软件处理的正确性
3	针对外部存储设备进行判断，分析"设备容量已满、设备禁止读写"等情况下软件处理的正确性

3.3.2.7　余度设计失效模式分析准则

从输入余度表决、输出余度表决、通道余度切换等角度制定软件余度设计类失效模式分析准则。

（1）输入余度表决

针对外部输入接口的余度关系（例如，双余度、三余度、四余度等），制定的失效模式分析准则如表 3-23 所示。

表 3-23　输入余度表决分析准则

序号	分析准则
1	对四余度连续型接口数据进行检查，分析"四余度接口数据取值均不一致，即两两接口数据之间的差值均大于规定阈值"等情况下软件是否正确处理
2	对四余度连续型接口数据进行检查，分析"四余度接口数据取值两两不一致，即形成两对数据，每对数据之间的差值小于规定阈值，但两对数据之间的差值大于规定阈值"等情况下软件是否正确处理

（2）输出余度表决

针对外部输出接口的余度关系（例如，双余度、三余度、四余度等），制定的失效模式分析准则如表 3-24 所示。

表 3-24　输出余度表决分析准则

序号	分析准则
1	对四余度连续型接口数据进行检查，分析"四余度接口数据取值均不一致，即两两接口数据之间的差值均大于规定阈值"等情况下软件是否正确处理
2	对四余度连续型接口数据进行检查，分析"四余度接口数据取值两两不一致，即形成两对数据，每对数据之间的差值小于规定阈值，但两对数据之间的差值大于规定阈值"等情况下软件是否正确处理
3	对双余度连续型接口数据进行检查，分析"双余度接口数据取值不一致，即数据之间差值大于规定阈值"等情况下软件是否正确处理

（3）通道余度切换

针对机载软件主备通道余度切换机制和过程，制定的失效模式分析准则如表3-25所示。

表3-25 通道余度切换分析准则

序号	分析准则
1	对不同余度通道的执行时序进行检查，分析"两个或多个余度通道执行时序未同步"等情况下，功能实现的正确性
2	对不同余度通道所处的工作状态进行检查，分析"两个或多个余度处于不同状态"等情况下，功能实现的正确性
3	对两个余度通道的标识进行检查，分析"均为主控通道、均为备份通道"等情况下，功能实现的正确性

3.3.2.8 状态场景失效模式分析准则

从工作状态、飞行阶段、状态转移等角度制定软件状态场景的失效模式分析准则。

（1）工作状态

针对软件运行过程中的各类工作状态或模式，及其相应的功能与接口，制定的软件失效模式分析准则如表3-26所示。

表3-26 工作状态分析准则

序号	分析准则
1	对系统状态、工作阶段或系统任务对应的软件状态进行检查，分析"不存在对应软件状态、软件与系统不一致"等情况下状态执行的正确性
2	对状态进入条件进行检查，分析状态执行过程中进入条件"满足、不满足、再次满足"等情况下状态执行的正确性

（2）飞行阶段

针对软件运行所经历的各种飞行阶段，及其相应的功能与接口，制定的软件失效模式分析准则如表3-27所示。

表3-27 飞行阶段分析准则

序号	分析准则
1	针对飞行阶段字进行检查，分析"飞行阶段字为未定义数据类型"等情况下，功能处理的正确性
2	针对飞行阶段字进行检查，分析"功能执行过程中，飞行阶段字发生变化"等情况下，功能处理的正确性

（3）状态转移

针对软件工作状态或飞行阶段的转移条件和路径，制定的软件失效模式分析准则如表3-28所示。

表 3-28　状态转移分析准则

序号	分析准则
1	两个或多个存在转移关系的状态对同一个功能的执行要求不同，部分状态允许功能执行，其他状态不允许功能执行。对状态转移前后功能的执行情况进行检查，分析状态转移后功能"保持执行、中断执行"等情况下状态与功能的正确性
2	同一个状态与其他多个状态之间存在转移关系，对同一个状态向多个状态转移以及多个状态向同一个状态转移的条件进行检查，分析多个状态转移条件同时满足时状态转移的正确性

3.3.2.9　功能组合失效模式分析准则

从串行关系、并行关系等角度制定软件功能组合关系的失效模式分析准则。

（1）串行关系

针对机载软件功能之间的顺序执行关系，制定的分析准则如表 3-29 所示。

表 3-29　串行关系分析准则

序号	分析准则
1	多个功能串行执行，前序功能的输出数据是后续功能的输入数据，对前序功能的输出数据进行检查，分析数据取值为"固定值、异常值"等情况下多功能处理的正确性
2	多功能串行执行，前序功能执行条件满足时，执行前序功能，执行完成后进行后续功能执行，因此后续功能的执行条件是前序功能执行完。分析后续功能执行过程中前序功能执行条件"满足、满足变为不满足、不满足、不满足变为满足"等情况下多功能处理的正确性

（2）并行关系

针对机载软件功能之间的并发执行关系，制定的分析准则如表 3-30 所示。

表 3-30　并行关系分析准则

序号	分析准则
1	多个功能输出数据的取值互斥或不能同时输出，对这些功能的执行条件进行检查，分析由于多个功能的执行条件满足、导致并发执行的情况下多功能输出的正确性
2	多个功能同时输出同一接口数据，对这些功能输出数据的取值进行检查，分析多个功能对同一接口数据的取值不同等情况下，多功能处理的正确性
3	多个功能同时对相同数据进行读写操作，分析当出现数据读写冲突等情况下，多功能处理的正确性

3.3.3　机载软件失效原因分析

根据机载软件失效模式分析准则，针对软件接口、功能、状态等需求，识别可能存在的各类异常，分析这些异常是否成为导致软件失效的原因。

本书将介绍分析准则驱动的软件失效原因分析策略，具体过程如下：

首先，结合所制定的软件失效模式分析准则，从不同角度制定相应的检查项，形成可操作的检查单，覆盖"外部接口数据、功能逻辑执行、功能层次组合、工作状态方式"等软件需求。

本书针对"接口数据、功能逻辑、功能组合、工作状态、时序约束"等不同类别的失效模式分析准则，制作的检查单示例如表 3-31 ~ 表 3-35 所示。

表 3-31 "接口数据"类准则符合性检查单示例

序号	类别	分析准则	符合性检查			说明
			YES	NO	N/A	
1	数据取值	确认软件是否针对"取值超出有效值域范围、重复输入数据、数据取值保持不变"等失效模式，进行有效的检测与处理				
2	通信过程	确认软件是否针对"非法报文格式、接口通信中断"等失效模式，进行有效的检测与处理				
3	数据并发	确认软件是否针对"同时接收到大量数据、数据接收频率过高"等失效模式，进行有效的检测与处理				
…	…	…				

表 3-32 "功能逻辑"类分析准则符合性检查单示例

序号	类别	分析准则	符合性检查			说明
			YES	NO	N/A	
1	操作过程	确认软件是否针对"操作无效、操作中断、与软件操作规范不一致"等失效模式，进行有效的检测与处理				
2	判定条件	确认软件是否针对"判定条件由成立变为不成立、判定条件重复成立"等失效模式，进行有效的检测与处理				
…	…	…				

表 3-33 "功能组合"类分析准则符合性检查单示例

序号	类别	分析准则	符合性检查			说明
			YES	NO	N/A	
1	功能并发	确认软件是否针对"多项功能同时执行所导致的控制过程冲突、接口数据取值冲突"等失效模式，进行有效的检测与处理				
2	设备调用	确认软件是否针对"多个功能同时读取数据资源冲突、设备控制冲突"等失效模式，进行有效的检测与处理				
…	…	…				

表 3-34　"工作状态"类分析准则符合性检查单示例

序号	类别	分析准则	符合性检查			说明
			YES	NO	N/A	
1	设备状态	确认软件是否针对"设备处于下电状态、设备不响应控制指令、设备无法正常通信"等失效模式，进行有效的检测与处理				
2	任务路径	确认软件是否针对"非法状态转移、未知任务场景"等失效模式，进行有效的检测与处理				
…	…	…				

表 3-35　"时序约束"类分析准则符合性检查单示例

序号	类别	分析准则	符合性检查			说明
			YES	NO	N/A	
1	功能执行	确认软件是否针对"功能滞后开始、功能滞后结束、功能调度超时"等失效模式进行有效的处理和防护				
2	数据采集	确认软件是否针对"数据采集周期大于规定周期、数据采集时刻晚于规定时刻"等失效模式，进行有效的检测与处理				
…	…	…				

其次，依据上述不同类别的分析准则符合性评审检查单，支撑研制人员针对各项软件需求进行检查，识别并分析需求与准则之间不符合的隐患。依据符合性检查单，对软件需求的检查过程如下：

（1）依据各项失效模式分析准则，对"外部接口数据、功能逻辑执行、功能层次组合、工作状态方法"等需求信息，进行覆盖性分析检查。

（2）若软件需求充分落实该项准则，则在"符合性检查"一栏中填写"YES"，并在"说明"栏中，描述准则所落实的相关内容。

（3）若该项准则不适用于当前软件需求，则在"符合性检查"一栏中填写"N/A"，并在"说明"栏中，描述准则不适用的原因，以及不适用的相关设计内容。

（4）若软件需求未落实该项准则，则在"符合性检查"一栏中填写"NO"，并在"说明"栏中，描述未落实该项准则的相关需求设计章节内容，同时对此进行分析，明确软件需求与分析准则不符合时所可能产生的问题。

3.3.3.1　软件接口失效原因分析

依据接口数据、时序约束、余度设计等失效模式分析准则，针对软件每一个输入接口，进行失效原因分析，例如，数据取值异常、时序约束违背、通信中断、关联设备故障、余度设计异常等失效原因。示例描述如下。

（1）数据

针对接口数据的取值区间、初始值/安全值等取值信息，分析的失效原因示例如表 3-36 所示。

表 3-36　数据类失效原因示例

序号	失效原因
1	连续型值域数据的取值为大于值域的上限值
2	连续型值域数据的取值为小于值域的下限值
3	多个周期数据取值之差超出规定阈值（即斜率故障）
4	离散型值域数据的取值为有效值域外的未定义值
5	…

（2）时序

针对接口数据的接收周期、取值时刻、持续时间等时序关系信息，分析的失效原因示例如表 3-37 所示。

表 3-37　时序类失效原因示例

序号	失效原因
1	输入取值周期大于规定周期
2	输入取值周期小于规定周期
3	输出持续时间小于规定时间
4	…

（3）通信

针对接口通信协议中的数据帧格式信息，分析的失效原因示例如表 3-38 所示。

表 3-38　通信类失效原因示例

序号	失效原因
1	通信异常中断
2	帧头错误
3	帧尾错误
4	帧长度错误
5	…

（4）设备

针对接口对应的源／目的设备信息，包括设备工作状态、存储容量等，分析的失效原因示例如表 3-39 所示。

表 3-39　源／目的设备失效原因示例

序号	失效原因
1	设备处于初始化状态
2	设备处于下电状态
3	设备处于故障状态
4	执行机构不响应控制指令
5	…

（5）输入余度表决

针对外部输入接口的余度关系（例如，双余度、三余度、四余度等），分析的失效原因示例如表 3-40 所示。

表 3-40　输入余度表决失效原因示例

序号	失效原因
1	四余度接口数据取值均不一致，即两两接口数据之间的差值均大于规定阈值
2	四余度接口数据取值两两不一致，即形成两对数据，每对数据之间的差值小于规定阈值，但两对数据之间的差值大于规定阈值
3	…

（6）输出余度表决

针对外部输出接口的余度关系（例如，双余度、三余度、四余度等），分析的失效原因示例如表 3-41 所示。

表 3-41　输出余度表决失效原因示例

序号	失效原因
1	双余度软件同时输出控制指令，其中某余度软件处于故障状态
2	双余度软件同时输出控制指令，两个余度输出的控制指令取值不一致
3	…

3.3.3.2　软件功能失效原因分析

根据功能逻辑、时序约束、软硬耦合等失效模式分析准则，针对软件每一项功能，进行失效原因分析，例如，功能执行超时、逻辑分支无法成立等失效原因。示例如下：

（1）控制过程

针对控制过程、数据处理等解算过程，进行失效原因分析，示例如表 3-42 所示。

表 3-42　控制过程失效原因示例

序号	失效原因
1	不同状态、工作阶段下功能的控制解算过程不同
2	控制解算过程出现超时，即未在规定时间内返回控制律解算结果
3	…

（2）处理逻辑

针对软件功能处理逻辑，例如，条件判断、操作过程等信息，进行失效原因分析，示例如表 3-43 所示。

表 3-43　处理逻辑失效原因示例

序号	失效原因
1	功能运行过程中，功能执行条件变为不满足
2	功能运行过程中，功能执行条件再次变为满足
3	…

（3）余度切换

针对主备软件余度切换过程，进行失效原因分析，示例如表 3-44 所示。

表 3-44　余度切换失效原因示例

序号	失效原因
1	主备余度软件切换超时
2	主余度软件和备份余度软件同时认为自己为主余度软件
3	...

（4）功能处理时序

针对解算时间、数据接收、执行条件等功能处理相关的时序约束关系，进行失效原因分析，示例如表 3-45 所示。

表 3-45　功能处理时序失效原因示例

序号	失效原因
1	功能的多个输入数据顺序错误
2	功能的多个输入数据存在时间差
3	功能解算时间大于规定时间
4	功能解算时间小于规定时间
...	...

（5）软硬耦合

针对软件项与硬件项之间的数据耦合和控制耦合关系，进行失效原因分析，示例如表 3-46 所示。

表 3-46　软硬耦合失效原因示例

序号	失效原因
1	执行机构不响应软件输出的控制指令
2	执行机构错误响应软件输出的控制指令
...	...

3.3.3.3　功能组合失效原因分析

根据功能组合类失效模式分析准则，针对软件功能之间的组合约束关系，进行失效原因分析，例如，功能并发冲突、功能顺序执行异常等失效原因。示例描述如下。

（1）功能并发

针对多个同时运行的软件功能，进行失效原因分析，示例如表 3-47 所示。

表 3-47　功能并发失效原因示例

序号	失效原因
1	多个功能同时执行，对同一输出变量进行赋值操作出现冲突
2	多个功能同时执行，对同一执行设备进行控制出现冲突
3	...

（2）功能调用

针对功能之间的调用关系，进行失效原因分析，示例如表 3-48 所示。

表 3-48　功能调用失效原因示例

序号	失效原因
1	多个功能同时调用同一功能
2	多个功能同时调用同一资源
3	…

（3）功能串行

针对软件多个功能顺序执行时的数据处理或资源调用等信息，进行失效原因分析，示例如表 3-49 所示。

表 3-49　功能串行失效原因示例

序号	失效原因
1	多个功能顺序执行，后序功能在前序功能之前执行
2	功能或模块之间的调用时间超时
…	…

3.3.3.4　工作状态失效原因分析

根据工作状态、时序约束等失效模式分析准则，针对软件每一个状态以及飞行阶段，进行失效原因分析，例如，无效工作状态、状态转移冲突等失效原因。

（1）工作状态

依据软件运行过程中可能经历的工作状态或模式，以及状态下的功能处理等信息，进行失效原因分析，示例如表 3-50 所示。

表 3-50　工作状态失效原因示例

序号	失效原因
1	不同工作状态下，功能执行逻辑不一致
2	工作状态运行超时，导致功能执行异常
…	…

（2）转移条件

针对软件工作状态或模式之间的转移条件，进行失效原因分析，示例如表 3-51 所示。

表 3-51　转移条件失效原因示例

序号	失效原因
1	状态之间的转移条件无法满足
2	同一状态向多个状态的转移条件同时满足
…	…

（3）状态转移

针对软件工作状态或模式之间的转移时间和路径等信息，进行失效原因分析，示例如表 3–52 所示。

表 3–52　状态转移失效原因示例

序号	失效原因
1	状态之间的转移超时
2	状态转移过程中，中断或干扰当前功能正常运行
…	…

（4）飞行阶段

针对软件运行所经历的各种飞行阶段，及其相应的功能与接口，进行失效原因分析，示例如表 3–53 所示。

表 3–53　飞行阶段失效原因示例

序号	失效原因
1	飞行阶段字为未定义数据类型
2	功能执行过程中，飞行阶段字发生变化
3	软件模块三个余度计算出不同的飞行阶段字
4	…

3.3.4　机载软件失效模式及其影响分析

3.3.4.1　软件失效模式分析

从机载软件"输入—处理过程—输出"角度出发，对于每项失效原因，分析软件是否检测出失效原因、是否处理失效原因，进而识别由于软件未检测或者未处理失效原因而导致的软件输出异常，即软件失效模式。分析示意如图 3-7 所示。

依据图 3-7，首先，针对每项失效原因，确定与失效原因中输入数据或处理过程相关的功能输出接口。其次，针对每项失效原因进行分析，建立失效原因到软件失效的传递过程。最后，针对失效原因中的输入数据失效，分析功能若未对异常输入数据进行判断和处理，将可能导致的异常输出数据；或者针对失效原因中的处理过程失效，分析软件功能处理出现异常时，可能导致的异常输出数据；或者针对失效原因中的功能组合关系失效，分析软件功能组合出现异常时，可能导致的异常输出数据；或者针对失效原因中的工作状态转移失效，分析软件工作状态出现异常时，可能导致的异常输出数据。即针对每项失效原因，结合相应的软件功能，分析失效原因可能导致的输出接口失效，依此识别软件的失效模式。

3.3.4.2　软件失效影响分析

依据 GJB/Z 1391 标准，针对所识别的软件失效模式，从系统任务完成与运行安全的角度，分析失效模式的影响，依此识别软件失效所可能导致的系统危险。所识别的系统危险，应与功能危险分析工作识别的功能失效状态保持一致。

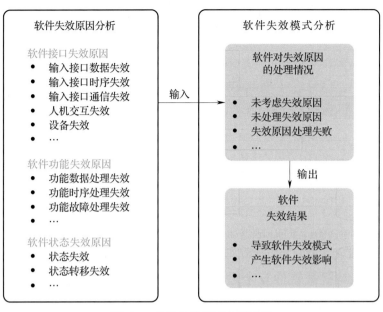

图 3-7　软件失效模式分析示意

针对系统任务完成情况，分析软件失效模式影响后果主要有如下几类，如表 3-54 所示。

表 3-54　系统任务完成失效影响后果分类

系统任务完成失效影响分类	描　述
系统任务完全失败	例如，导致机载系统崩溃死机、系统任务无法完成等
系统任务受到严重影响	例如，机载系统任务严重超时、系统任务未正确实现等
系统任务受到一定影响	例如，机载系统任务时间性能下降、系统任务精度损失等
系统任务受到轻微影响	例如，机载系统任务时间性能轻微下降、系统任务精度轻微损失等

针对系统运行安全，分析软件失效模式影响后果主要有如下几类，如表 3-55 所示。

表 3-55　系统运行安全失效影响后果分类

系统运行安全失效影响分类	描　述
系统运行安全受到灾难性影响	例如，机载设备完全损坏、操作人员伤亡等
系统运行安全受到严重影响	例如，机载设备严重损坏、操作人员受到伤害等
系统运行安全受到一定影响	例如，机载设备有损坏，操作人员受到干扰等
系统运行安全受到轻微影响	例如，机载设备轻微受损

3.3.4.3　软件失效影响等级评估

针对机载软件，参考 GJB/Z 102A 等标准，不同失效模式对系统任务完成与运行安全的影响，又可根据影响程度分为 A、B、C、D 等不同级别。本书推荐的不同失效影响等级描述如表 3-56 所示。

表 3-56　失效影响等级描述

影响等级	等级描述
A	导致机载系统任务完全失败。例如，系统崩溃死机、系统任务无法完成等
	机载系统运行安全受到灾难性影响。例如，系统设备完全损坏、操作人员伤亡等
B	机载系统任务受到严重影响。例如，系统任务严重超时、系统任务未正确实现等
	机载系统运行安全受到严重影响。例如，系统设备严重损坏、操作人员受伤等
C	机载系统任务受到一定影响。例如，系统任务时间性能下降、任务精度损失等
	机载系统运行安全受到一定影响。例如，系统设备有损坏、操作人员受到干扰等
D	机载系统任务受到轻微影响。例如，系统任务时间性能轻微下降、任务精度轻微损失等
	机载系统运行安全受到轻微影响。例如，系统设备轻微受损

3.3.5　控制措施与机载软件安全性需求获取

针对每项软件失效原因（输入接口失效、处理逻辑失效、功能组合失效以及状态转移失效），从"事前预防"或"事后控制"等角度，形成相应的控制措施，获取软件安全性需求。通过软件安全性需求来消除潜在的各类失效原因，从而确保软件失效模式以及系统危险不会发生。

3.3.5.1　针对接口失效的软件安全性需求获取

针对"数据失效、时序失效、通信失效、余度失效、源设备失效"等输入接口失效，从"事前预防"或"事后控制"等角度，进行提示并处理，形成软件安全性需求。

（1）针对接口数据失效的安全性需求获取

针对接口数据的取值、组合、变化等可能的异常情况，进行检查，提出处理措施，确保软件能够正确处理输入数据失效，不会产生异常的输出数据。针对数据失效获取的安全性需求示例如下：

①应针对连续型输入数据的取值进行检查，若取值超出有效区间（例如，大于区间上限，或者小于区间下限），给予告警提示与处理（例如，置为区间上限或下限值）。

②应针对离散型输入数据的取值进行检查，若其为未定义的异常值，给予告警提示与处理（例如，置为初始默认值）。

③针对输入数据连续多个周期的取值未发生变化的异常进行诊断，并给出提示和处理。

（2）针对时序失效的安全性需求获取

针对输入数据的取值周期、时刻、持续时长等时序约束的异常情况，进行检查，提出处理措施，确保软件能够正确处理时序异常的输入数据。针对时序失效获取的安全性需求示例如下：

①对输入接口的取值周期进行判断，若取值周期大于或小于规定的取值周期，则给予提示，并进行相应处理。

②对输入接口的取值时刻进行判断，若取值时刻早于或晚于规定的时刻，则给予提示，并进行相应处理。

③对输入接口的取值持续时长进行判断，若持续时长大于或小于规定的时长，则给予提示，并进行相应处理。

（3）针对通信失效的安全性需求获取

针对输入接口数据通信协议的格式、内容等各类异常情况，进行检查，提出处理措施，确保软件能够正确处理通信异常的输入数据。针对通信失效获取的安全性需求示例如下：

①输入数据帧满足接口通信要求（包括帧头、长度、标识、周期、校验等）。

②若出现输入通信异常情况（例如，线路中断、开路、短路等），应给出对应处理策略，例如，切换余度或者输出告警提示。

（4）针对余度失效的安全性需求获取

对软件输入余度关系（双余度通道、三余度通道或四余度通道等），进行容错检查，分析输入余度取值不一致、输入余度无效等异常情况，提出相应处理措施，确保软件能够正确地处理多余度的输入数据。针对余度失效获取的安全性需求示例如下：

①在多余度输入数据不一致的情况下进行检测表决处理，确保多余度输入的数据取值保持一致。

②对多余度输入接口一个或多个不正常的情况进行分析，给出相应的处理策略，例如，采用有效余度输入接口数据进行表决。

③对多余度输入接口全不正常的情况进行分析，给出相应处理策略，例如，采用安全值或者上一周期有效值。

（5）针对源设备失效的安全性需求获取

对软件输入接口对应的源设备进行检查，分析源设备处于下电模式、故障等异常情况，提出相应的处理措施，确保软件能够正确地实现与源设备的数据交互。针对源设备失效获取的安全性需求示例如下：

①对源设备的工作状态进行检查，若处于下电模式或者初始化模式，则不处理源设备发送的输入数据。

②对源设备的健康状态进行检查，若处于电源故障或者硬件故障等故障状态，则不处理源设备发送的输入数据。

针对接口失效的安全性需求，示例如表 3-57 所示。

表 3-57　针对接口失效的安全性需求示例

类别	安全性需求制定说明	安全性需求示例
针对数据失效的安全性需求	针对接口数据的取值、组合、变化等可能的异常情况，进行检查，提出处理措施，确保软件能够正确处理数据失效，不会产生异常的输出数据	针对连续型数据的取值进行检查，若取值超出有效区间（例如，大于区间上限，或者小于区间下限），给予告警提示与处理（例如，置为区间上限或下限值）
针对时序失效的安全性需求	针对数据的取值周期、时刻、持续时长等时序约束的异常情况，进行检查，提出处理措施，确保软件能够正确处理时序异常的数据	对接口数据的取值持续时长进行判断，若持续时长大于或小于规定的时长，则给予提示，并进行相应处理
针对通信失效的安全性需求	针对接口数据通信协议的格式、内容等各类异常情况，进行检查，提出处理措施，确保软件能够正确处理通信异常的接口数据	若出现通信异常情况（例如，线路中断、开路、短路等），应给出对应处理策略，例如，切换余度或者输出告警提示

3.3.5.2 针对功能逻辑失效的软件安全性需求获取

针对"解算过程失效、任务时序失效、逻辑条件失效、余度切换失效"等功能处理失效，从"事前预防"或"事后控制"等角度，进行提示并处理，形成软件安全性需求。

（1）针对解算过程失效的安全性需求获取

针对功能输入接口数据，以及功能解算过程可能出现的各类异常情况，进行检查，提出处理措施，确保功能解算过程能够正常实现，不会产生异常的输出数据。针对解算过程失效获取的安全性需求示例如下：

①功能解算之前，应对输入的数据取值进行检查，若为超出值域的异常值，则应对数据异常值进行相应处理（例如，功能将数据置为取值区间上限或下限）。

②功能解算之前，应对输入的数据量进行检查，若数据量过大，超出功能数据处理能力，则应对过大的数据量进行相应处理（例如，只对数据处理能力范围内的数据量进行处理，其余数据舍弃）。

③功能解算过程中，应对控制解算反馈时间进行检查，若控制解算反馈时间超出规定阈值，则应给予告警提示，并输出控制解算安全值。

（2）针对任务时序失效的安全性需求获取

针对功能运行时间、启动时刻等时序约束的各类异常情况，进行检查并提出处理措施，确保软件功能执行能满足时序约束要求。针对时序失效获取的安全性需求示例如下：

①对功能运行时间进行检查，若功能运行时间大于规定时间或者小于规定时间，则给予提示和相应处理（例如，停止执行当前功能）。

②对功能执行时刻进行检查，若功能在规定时刻之后或之前开始，则应给予提示和相应处理（例如，停止执行当前功能）。

（3）针对逻辑条件失效的安全性需求获取

针对判断条件、数据操作、算法迭代等逻辑处理流程的各类异常情况，进行检查，提出处理措施，确保软件能够正确实现逻辑处理流程。针对逻辑失效获取的安全性需求示例如下：

①对功能逻辑中的判断条件进行检查，若其恒为真或者恒为假，则应给予提示和相应处理。

②针对功能逻辑中的迭代过程进行检查，若其超时收敛或者无法收敛，则应给予提示，并在超时一段时间后给予相应处理（例如，退出迭代过程）。

（4）针对余度切换失效的安全性需求获取

对软件功能的余度切换逻辑进行容错检查，分析余度切换时间过长、余度切换失败等异常情况，提出相应的处理措施，确保软件能够正确地实现多余度切换机制。针对余度失效获取的安全性需求示例如下：

①若余度切换时间过长，例如，主控通道始终无法切换至备份通道，则应给予告警提示，并进行相应处理。

②对余度切换后，同时出现两个余度共同工作或者两个余度均不工作等异常情况，则应给予告警提示，并进行相应处理。

针对功能逻辑失效的安全性需求，示例如表3-58所示。

表 3-58　针对功能逻辑失效的安全性需求示例

类别	安全性需求制定说明	安全性需求示例
针对功能时序失效的安全性需求	针对功能运行时间、启动时刻等时序约束的各类异常情况，进行检查并提出处理措施	对功能运行时间进行检查，若功能运行时间大于规定时间或者小于规定时间，则给予提示和相应处理（例如，停止执行当前功能）
针对软硬耦合失效的安全性需求	针对软硬件之间的数据耦合或者控制耦合关系进行检查，并给出相应处理，避免耦合冲突导致软件失效	若目的设备未在规定时间内响应软件输出的控制指令，则应重新发送控制指令。若连续三次重新发送指令后，目的设备仍未响应，则应进行告警并控制系统进入安全状态

3.3.5.3　针对功能组合失效的软件安全性需求获取

针对"并发失效、串行失效"等功能组合失效，从"事前预防"或"事后控制"等角度，进行提示并处理，形成软件安全性需求。

（1）针对并发失效的安全性需求获取

针对多项功能并发时的异常情况，进行检查，提出处理措施，确保软件能够正确处理功能并发时引起的执行机构控制冲突、数据取值冲突等异常。针对并发失效获取的安全性需求示例如下：

①应针对多项功能并发时的输出接口数据取值进行分析，若多项功能同时对同一接口数据进行取值操作，则应规定多项功能之间的优先级，避免多项功能对同一接口数据进行取值操作出现冲突。

②应针对多项功能并发时的执行机构控制情况进行分析，若多项功能同时对同一执行机构进行控制，则应规定多项功能之间的优先级，避免多项功能对同一执行机构进行控制操作出现冲突。

（2）针对串行失效的安全性需求获取

针对多项功能串行时的异常情况，进行检查，提出处理措施，确保软件能够正确处理功能串行时引发的数据取值异常、执行时序异常等。针对串行失效获取的安全性需求示例如下：

①若多项功能之间具有串行关系，则应针对前序功能的输出数据取值进行检查，若数据取值为超出值域范围的异常值，则应将输出数据置于安全值，避免后序功能使用前序功能的异常数据而出现失效。

②若多项功能之间具有串行关系，则应针对不同功能之间的执行顺序进行检查，若前序功能滞后于后序功能执行，或与后序功能同时执行，则应给予提示告警。

3.3.5.4　针对工作状态失效的软件安全性需求获取

针对"状态模式失效、状态转移失效"等工作状态类失效，从"事前预防"或"事后控制"等角度，进行提示并处理，形成软件安全性需求。

（1）针对状态模式失效的安全性需求获取

针对软件运行状态或者任务模式进行检查，提出处理措施，确保软件能够正确处理状态执行超时、状态重复执行等异常。针对状态模式失效获取的安全性需求示例如下：

①应针对状态或模式的执行时长进行检查，若初始化、维护等状态或模式的执行时长

超出规定阈值，则给予告警提示，并进行相应处理。

②应针对状态或模式的进入条件进行检查，若在软件运行过程中，状态或模式的进入条件重复满足，软件应进行相应处理，以避免重复进入同一个状态或模式。

（2）针对状态转移失效的安全性需求获取

针对状态模式之间的转移条件和路径进行检查，提出处理措施，确保软件能正确处理状态转移冲突、中断当前功能等异常。针对状态转移失效获取的安全性需求示例如下：

①针对当前状态与其他状态之间的转移条件进行检查，若当前状态向多个其他状态之间的转移条件同时成立，则应规定优先级，避免软件同时进入多个状态。

②针对状态转移时的当前功能进行检查，若状态转移过程中，异常中断当前功能，则应给予提示和相应处理。

表 3-59　针对工作状态失效的安全性需求示例

类别	安全性需求制定说明	安全性需求示例
针对状态模式失效的安全性需求	针对机载系统软件运行状态或任务模式进行检查，提出相应的处理措施	针对状态或模式的执行时长进行检查，若初始化、维护等状态或模式的执行时长超出规定阈值，则给予告警提示，并进行相应处理
针对状态转移失效的安全性需求	针对状态之间的转移条件和路径进行检查，提出处理措施	针对当前状态与其他状态之间的转移条件进行检查，若当前状态向多个其他状态之间的转移条件同时成立，则应规定优先级，以避免软件同时进入多个状态

3.3.6　机载软件可靠性分析数据表格编制

最后，完成软件失效原因分析、失效模式及影响分析、软件安全性需求制定等工作后，形成机载软件可靠性分析数据的记录，可按照表 3-60 的形式记录。

表 3-60　软件可靠性分析数据清单

序号	软件功能	软件失效原因	软件失效模式	失效影响	影响等级	控制措施	软件安全性需求

表格中各项内容说明如下：

（1）软件功能：描述存在失效的机载系统软件功能或工作状态。

（2）软件失效原因：描述由于接口失效、功能失效、状态失效等导致软件失效的原因。应详细描述导致软件失效发生的输入触发条件。

（3）软件失效模式：描述软件失效原因导致的软件失效结果。应详细描述当失效原因发生时，软件输出的表现行为。

（4）失效影响：描述软件失效模式对于系统运行安全或任务完成所带来的影响后果。

（5）影响等级：描述影响后果的严重等级，可根据标准分为不同影响等级，例如，A、B、C、D 等级别。

（6）控制措施：描述软件失效的控制方法。应详细描述为防止或缓解软件失效对系统造成影响而针对软件、硬件、系统或人员提出的要求。

（7）软件安全性需求：描述由软件实现的失效控制措施。应按照软件需求要求，规范描述软件安全性需求。

3.4 机载软件可靠性设计编码

3.4.1 机载软件可靠性设计

依据机载软件需求设计、机载软件安全性可靠性分析项目数据等，确定机载软件可靠性设计要求。主要包括如下三种类别：

（1）纠错设计要求：通过程序独立性设计、程序简化设计、编程要求等方式，降低软件需求、设计或编码中出现错误的可能性。

（2）检错设计要求：通过上电自检测、故障诊断与处理等方式，对软件运行过程中的接口数据、功能逻辑、工作状态等元素的异常进行检查与处理。

（3）容错设计要求：通过余度切换、N 版本设计、恢复安全状态等方式，在软件产生失效后，对软件失效进行控制或缓解，从而将失效影响后果限制在可接受的范围内。

依据上述要求分类可知：

（1）"纠错设计要求"属于"事因消除"型。其针对软件程序结构、健壮性、编程要求等角度进行可靠性设计，消除需求、设计或编码中的错误，从根本上降低软件失效出现的可能性。

（2）"检错设计要求"属于"事前预防"型。其在软件运行过程中，对接口数据、功能逻辑、工作状态等元素的异常进行检测与处理，避免元素异常进一步导致软件产生失效。

（3）"容错设计要求"属于"事后弥补"型。其在软件产生失效后，对失效进行控制或缓解，降低失效影响后果的危害性。

机载软件可靠性设计要求的组成架构如图 3-8 所示。

3.4.1.1 纠错设计要求

"纠错设计"是针对软件设计本身，从设计结构、健壮性、防错性等角度制定的要求。因此，依据 GJB/Z 102、GJB/Z 102A 等标准，"纠错设计要求"应包括"简化设计""健壮性设计""余量设计""中断设计""防错设计"等类别。对每类设计要求简要定义如下：

（1）简化设计：针对软件模块入口出口、独立性、扇入扇出等特征进行的设计，降低设计复杂度。

（2）健壮性设计：针对电源失效、加电检测、电磁干扰、错误操作等外部异常进行的设计。

（3）余量设计：针对软件资源存储量、时序、处理能力进行的设计，保证满足系统规定的余量要求。

（4）中断设计：针对软件的各类中断进行设计，防止中断被异常使用导致失效。

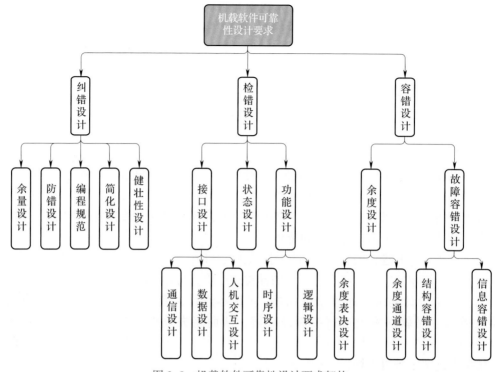

图 3-8 机载软件可靠性设计要求架构

（5）防错设计：针对安全关键信息、安全关键功能等进行的设计，防止安全关键信息存储、读取时出现错误，或者安全关键功能在执行时出现错误。

具体的机载软件纠错设计要求列举如下。

3.4.1.1.1 简化设计

机载软件可靠性的简化设计要求分别阐述如下：

（1）JHSJ-1：模块的单入口和单出口。除中断情形外，模块应使用单入口和单出口的控制结构。

（2）JHSJ-2：模块的独立性。模块的独立性，应以提高内聚度、降低耦合度来实现，包括采用模块调用方式、适当限制模块间传递的参数个数、模块内的变量应局部化等方式。

（3）JHSJ-3：模块的扇出一般应控制在 7 以下。

（4）JHSJ-4：数据耦合。输入的数据元素应以显示参数的形式传给另一个模块的接口。

（5）JHSJ-5：功能内聚。功能内聚的模块应是全部成分均为执行单一的、相对独立的处理功能的模块。

（6）JHSJ-6：确定哪些模块、类等将实现安全关键需求。尽可能将安全关键的部件与非关键部件隔开。

（7）JHSJ-7：最小化安全关键部件的数目。关键部件之间的接口的设计应实现最小交互（低耦合）。

（8）JHSJ-8：用文档记录执行控制、中断特性、初始化、同步和对部件的控制。对于高风险系统，应避免中断。

（9）JHSJ-9：定义所有部件之间的功能接口。对于安全关键的部件，尽可能限制它们与其他部件的交互。

（10）JHSJ-10：标识软件内的共享数据。设计应将安全关键的数据与其他数据隔离开，并使非关键部件不能访问安全关键数据。

（11）CXJGSJ-1：模块应尽量使用单入口和单出口的控制结构。

（12）CXJGSJ-2：划分关键模块，尽可能将关键模块与非关键模块隔离。

（13）CXJGSJ-3：采用模块调用方式，不采用直接访问模块内部有关信息的方式。

（14）CXJGSJ-4：适当限制模块间传递的参数个数。

（15）CXJGSJ-5：模块内的变量应局部化，即尽量避免使用全局变量。

（16）CXJGSJ-6：将一些可能发生变化的因素或需要经常修改的部分尽量放在少数几个模块中。

（17）CXJGSJ-7：尽量增加模块内聚，减少模块耦合。按照功能内聚、顺序内聚、通信内聚、时间内聚、逻辑内聚以及偶然内聚的优先级进行内聚设计。

（18）CXJGSJ-8：以数据耦合为主，外部耦合为辅，必要时用控制耦合，坚决消除公共耦合和内容耦合。

（19）CXJGSJ-9：程序结构设计应采用树状结构图，不能使用网状结构。

（20）CXJGSJ-10：程序结构设计应采用自顶向下的方式，对各个层次的过程细节和数据细节逐层细化，直到用程序语言的语句能够实现为止。

（21）CXJGSJ-11：采用结构化程序设计，例如，避免使用 GOTO 语句，每个模块代码只有一个入口和一个出口等。

（22）CXJGSJ-12：模块规模应适中，应尽量一个模块的语句数不超过 500 行。

（23）CXJGSJ-13：划分的模块要尽量做到高扇入、低扇出。

（24）CXJGSJ-14：模块的扇入扇出一般应控制在 7 以下。

（25）CXJGSJ-15：应使高层模块有较高的扇出，低层模块有较高的扇入。

（26）CXJGSJ-16：应尽量降低模块接口的复杂程度，仔细设计模块接口，使得信息传递简单并且和模块的功能一致。

（27）CXJGSJ-17：必须限制程序的圈复杂度。

3.4.1.1.2　健壮性设计

机载软件可靠性的健壮性设计要求分别阐述如下：

（1）JZSJ-1：电源失效防护。软件要配合硬件处理在加电的瞬间电源可能出现的间歇故障，避免系统潜在的不安全初始状态；在电源失效时提供安全的关闭；在电源的电压有波动时，不会产生潜在的危险。

（2）JZSJ-2：接口故障。应充分估计接口的各种可能故障，并采取相应的措施。例如，软件应能够识别合法的及非法的外部中断，对于非法的外部中断，软件应能自动切换到安全状态。

（3）JZSJ-3：干扰信号。对被控对象的变化信号中同时存在的干扰信号采用数字滤波器加以过滤时，采样频率的确定不仅要考虑有用信号的频率，而且还要考虑干扰信号的频率。

（4）JKJC-4：接口控制。安全关键硬件的接口应在所有时刻受控，即应监视该接口以确保错误或虚假数据不会意外地影响该系统，接口的失效得到检测，并且在上电、电源波动和中断以及系统错误或硬件失效情况下接口安全。

（5）JKJC-5：在临界时间少于现实操作人员响应时间或在操作回路中没有人工干预时，常常需要自动安全保护。自动安全保护可由硬件、软件或两者的结合来完成。

3.4.1.1.3　余量设计

机载软件可靠性的余量设计要求分别阐述如下：

（1）YLJC-1：资源分配及余量要求。在软件设计时，应确定有关软件模块的存储量、输入输出通道的吞吐能力及处理时间要求，并保证满足系统规定的余量要求（例如，软件一般要求留有不少于 20% 的余量）。

（2）YLJC-2：时序安排的余量考虑。软件工作的时序安排，要结合具体的被控对象确定各种周期，如采样周期、数据计算处理周期、控制周期、自诊断周期、输出输入周期等。当各种周期在时间轴上安排不下时，应采取更高性能的 CPU 或多 CPU 并行处理来解决，以确保软件工作时序之间留有足够的余量。

（3）YLJC-3：在软件设计时，应确保软件模块的数据存储量、输入输出通道的吞吐能力、功能处理时间、CPU 占用率满足系统余量要求。

（4）YLJC-4：要结合具体的被控对象确定采样周期、数据计算处理周期、控制周期、自诊断周期、输出输入周期等工作时序约束，确保软件工作时序之间留有足够的余量。

3.4.1.1.4　中断设计

机载软件可靠性的中断设计要求分别阐述如下：

（1）ZDSJ-1：使用多个中断时，尽量减少嵌套。

（2）ZDSJ-2：屏蔽无用中断，对无用中断设置入口并返回。

（3）ZDSJ-3：设置中断的边缘触发或电平触发，电平触发要确保电平宽度，边缘触发要有防止跳变的措施（软件或硬件方法）。

（4）ZDSJ-4：禁止使用中断自嵌套。

（5）ZDSJ-5：严格按照"阻止→关中断→初始化→开中断→使能"的顺序进行操作。

（6）ZDSJ-6：中断初始化时要将所需要的全部资源进行初始化设置，如触发方式和所需要使用的变量等。

（7）ZDSJ-7：避免从中断服务子程序中使用非中断返回语句返回。

（8）ZDSJ-8：必须屏蔽不用的中断源。

（9）ZDSJ-9：程序设计时应考虑中断的优先级。

3.4.1.1.5　防错设计

机载软件可靠性的防错设计要求分别阐述如下：

（1）FCSJ-1：参数化。在软件设计中，应规定用统一的符号来表示参数、常量和标志，以便在不改变源程序逻辑的情况下，对它进行更改。

（2）FCSJ-2：安全关键信息不能仅由单一 CPU 命令产生。

（3）FCSJ-3：不用寄存器和 I/O 端口来存储安全关键信息。

（4）FCSJ-4：安全关键信息的表示使安全关键信息不会因一位或两位差错而引起系统故障。安全关键信息与其他信息之间应保持一定的码距。例如，不能用 01 表示一级点火、10 表示二级点火、11 表示三级点火。不得使用一位的逻辑"1"和"0"表示，建议使用

4 位或 4 位以上、既非全 0 又非全 1 的独特模式来表示，以确保不会因无意差错而造成危险。例如，可用四位位模式"0110"来表示系统的安全状态，用"1001"来表示系统的危险状态，其他模式表示系统状态出错，需要系统对其进行处理。

（5）FCSJ-5：安全关键信息的决策判断依据不得依赖于全"1"或全"0"的输入（尤其是从外部传感器传来的信息）。

（6）FCSJ-6：对安全关键功能模块应设置调用密码。

（7）FCSJ-7：文件。文件应唯一且用于单一目的，即文件在使用前应成功地打开，在使用结束后应成功地关闭；文件的属性应与它的使用相一致。

（8）FCSJ-8：寻址模式的选用。尽量不使用间接寻址方式。

（9）FCSJ-9：信息存储。考虑到信息保存的可靠性，对不需修改的重要信息，条件允许时应放在不易丢失只读存储器（ROM）中。

（10）FCSJ-10：算法所使用的存储空间应完全确定。例如，尽量不采用动态堆空间。

（11）FCSJ-11：应防止对程序（源程序、汇编程序及目标代码）非授权的或无意的存取或修改，其中包括对代码的自修改。

（12）FCSJ-12：应对所有标识进行严格定义并明确使用方法。对于安全关键的标识，在其所使用的软件模块中，应唯一且用于单一目的。

（13）FCSJ-13：必须指明由两个或多个模块公用的数据和公用变量，并尽量减少对公共变量的改变，以减少模块间的副作用。

3.4.1.2　检错设计要求

软件运行过程中，外部接口、功能逻辑、工作状态等元素出现异常，均可能成为软件失效原因，导致软件产生失效。因此，"检错设计要求"包括"接口设计""功能设计""状态设计"等类别。其中，"接口设计"包括"数据设计""人机交互设计""通信设计""时序设计"等子类别；"功能设计"包括"逻辑设计""自检设计"等子类别。对每类设计要求简要定义如下：

（1）接口设计：针对软件外部输入输出接口进行的设计，检测接口可能出现的数据取值超出值域上限、通信中断、人机交互冲突等异常，并进行相应处理。

（2）功能设计：针对软件功能处理逻辑、BIT 自检查等进行的设计，检测功能可能出现的除数为 0、运行超时、条件不可达等异常，并进行相应处理。

（3）状态设计：针对软件工作状态及状态之间转移进行的设计，检测状态转移超时、多个状态转移条件同时满足等异常，并进行相应处理。

具体的机载软件检错设计要求列举如下。

3.4.1.2.1　接口设计

机载软件可靠性的接口设计要求分别阐述如下：

（1）数据设计

①SJSJ-1：输入合理性检查。对于所有模拟和数字输入和输出，应在按照这些值执行安全关键功能之前进行范围和合理性检查，包括时间范围、依从关系和合理性检查。应根据经过验证的安全关键的模拟或数字输入执行安全关键功能。

②SJSJ-2：满刻度表示（量程边界表示）。软件设计时，应使软件的满刻度和零表示都与任何数字到模拟、模拟到数字、数字到同步和 / 或同步到数字转换器完全兼容。

③ SJSJ-3：任何数据都应规定其合理的范围（例如，值域、变化率等）。如果数据超出了规定的范围，就应进行出错处理。

④ SJSJ-4：数值运算范围控制。进行数值运算时，应注意数值的范围及误差问题。在把数学公式实现成计算机程序时，要保证输入输出及中间结果不超出机器数值表示范围。

⑤ SJSJ-5：精度控制。保证运算所要求的精度。要考虑到计算误差及舍入误差，选定足够的数据有效位。

⑥ SJSJ-6：如安全关键信息有差错，应能检测出来，并返回到规定的状态（例如，安全状态）。

⑦ SJSJ-7：应防止对数据的非授权的或无意的存取或修改。

⑧ JKSJ-13：对模块数据取值进行判断，防止数据取值超出有效值域，或者除数位数据取值为 0 等异常。

⑨ JKSJ-14：对模块数组下标进行判断，防止数组越界。

⑩ JKSJ-15：对模块中的循环变量进行判断，防止循环变量超出合理范围。

⑪ JKSJ-16：对模块数值运算范围进行控制，保证输入输出及中间结果不超出机器数值表示范围。

⑫ JKSJ-17：对模块数值运算精度进行控制，保证精度误差满足要求。

⑬ JKSJ-18：对数据运算迭代次数进行设计，确保数据运算能够在有限次迭代后收敛。

⑭ JKSJ-19：对模块间数据转换进行设计，确保数据转化过程中不会出现溢出、精度损失等异常。

⑮ JKSJ-20：在进行数学运算时，应仔细考虑浮点数接近零时的处理方式，应使用适当小的浮点数来替代零。

⑯ JKSJ-21：对于关键数据应尽可能独立存储，防止非法访问与操作。

⑰ JKSJ-22：在含有浮点数的关系判断中，不应直接进行相等关系判断。

⑱ JKSJ-23：禁止判定语句中的接口数据为全 1 或全 0 的输入。

（2）人机交互设计

① RJSJ-1：确保无效的操作员请求被加上标记，并向操作员指明。

② RJSJ-2：要求最少两条独立的命令来执行安全关键功能，并考虑在启动任何安全关键指令序列之前是否要求一个操作员响应或授权。

③ RJSJ-3：能清晰区别关键输入，检查输入的范围和合法性。

④ RJSJ-4：允许撤销和恢复，如行动应能撤销，错误应能恢复。

⑤ RJSJ-5：误操作防护。软件应能检测不正确的操作员录入或操作，防止由于该差错的结果而执行安全关键功能。对于该错误录入或操作应向操作员报警。报警应包括错误信息和纠正措施。软件还应提供对有效数据的录入，并向操作员提供可视和/或声音反馈，使操作员知道系统已经接受该动作并正在处理它。

⑥ RJSJ-6：错误操作。软件应能判断操作员的输入操作正确（或合理）与否，并在遇到不正确（或不合理）输入和操作时拒绝该操作的执行，并提醒操作员注意错误的输入或操作，同时指出错误类型和纠正措施。

⑦ RJSJ-7：向操作员提供的安全关键显示信息、图标及其他人机交互方式应清晰、简明且无二义性。

⑧ RJSJ-8：对于包含在不同页面的所有必要信息相互一致。

⑨ RJJC-9：提供适当且及时的反馈：如果操作完成，则应给出指示；如果将出现进一步的选项或者行动，则应说明之；应使操作员能够感觉到对系统的控制以及系统对其行动的响应。

⑩ RJJC-10：提供表明软件正在运行的实时指示。

⑪ RJJC-11：报警设计。报警应使例行报警与安全关键的报警相区别，并应使得在没有采取纠正行为或没有执行所要求的后续行为以完成该操作的情况下，操作员无法清除安全关键的报警。提醒操作员注意不安全状态的信号应尽可能直接送到操作员接口。如果提供了一个操作员接口并已经检测到一个潜在不安全状态，应提醒该操作员注意检测到的异常情况、所采取的措施以及所导致的系统配置和状态。

（3）通信设计

① TXSJ-1：在接口通信协议设计时，应确保通信数据帧由帧头、数据项（含帧号、帧长、数据体）、校验字节和帧尾组成，以便接收方进行数据帧的同步，以及数据有效性的校验。

② TXSJ-2：接收数据应严格按照通信协议进行处理。数据接收方在接收数据帧时，应按照通信协议判断帧头、帧尾和校验字节正确后才可以使用数据。

③ TXSJ-3：避免双口随机存储内存（random access memory，RAM）读写冲突。

④ TXSJ-4：CPU 间的通信。CPU 间的通信应在传输安全关键数据之前成功地通过对两个 CPU 的验证检查。应进行定期检查以确保接口的完整性。检测出的错误应予以记录。如果接口多次连续传输失败，应向操作员报警，并终止安全关键数据的传输直到能进行诊断性检查。

⑤ TXSJ-5：数据传输报文。数据传输报文应是预先规定的格式和内容。每次传输应包含一个指示报文长度（如果可变的话）、数据类型或报文内容的字或字符串。至少应使用奇偶校验来验证数据传输的正确性，可能时应使用 CRC 校验。在验证数据传输正确性之前任何来自数据传输报文的信息都不得使用。

⑥ TXSJ-6：采样速率的选择应考虑噪声水平和控制系统以及物理参数的预期变化。对于非关键信号的测量，采样速率应至少是最大预期信号频率的两倍。

⑦ TXSJ-7：数字化系统选择的字长应至少能减少量化噪声影响以确保系统的稳定性。字长和浮点系数的选择应适合整个控制系统环境中处理的参数。

⑧ TXSJ-8：在通信双方的交换字格式设计时，要考虑双方计算机的字长，采用方便双方交换的字格式。如中心机字长是 32 位，而信号处理机是 16 位，则涉及信号处理的交换字应以 16 位为一个独立信息单位进行定义。不要使信号处理机靠 2 个字的部分信息（如第 1 字的后 6 位和第 2 字的前 10 位）的组合来完成一个独立信息的解释。

⑨ TXSJ-9：对交换字各位解释说明其含义时，单一位的解释说明，不仅要说明为"1"的含义，还要说明为"0"的含义；多位解释说明时，不仅要说明特定组合的含义，还要说明其他组合的含义。如 2 位组合的含义解释说明时，不仅要说明"00 表示雷达、红外不记忆""01 表示雷达外记忆""10 表示红外外记忆"，还要说明"11"表示何含义（可能是无此定义，也可能是交换字错误，但要明确说明）。

⑩ TXSJ-10：数据发送方应充分考虑数据接收方的数据处理能力。在制定通信协议

时，数据发送方应充分考虑数据接收方的数据处理能力（内存、处理时序、处理时间和处理能力），在设计中应避免数据的发送方只负责发送，而不考虑数据的接收方能否正确接收数据。

⑪ TXSJ-11：数据接收方要充分考虑发送方的各种情况。在制定通信协议时，数据接收方要充分考虑发送方发送数据的各种情况，例如：要有全速数据传输情况下的处理能力（除非另有间隔协议），要能识别和处理重复的数据帧，对接收的错误数据帧要设计相应的错误处理功能，防止单帧数据错误导致整个通信信道阻塞。

⑫ TXSJ-12：如果是串行异步通信，帧头应尽量采用多字节，保证帧头的唯一性，以及对帧头后帧长的准确接收。

⑬ TXSJ-13：帧之间的间隔通常要大于帧内字节之间的间隔，以便接收方有足够的时间对帧头进行搜索接收。

（4）时序设计

① SXSJ-1：需要若干秒或更长时间的处理功能，在处理期间应向操作员提供状态指示。

② SXSJ-2：对规定时间内要完成规定任务的软件，不能采用没有把握在一定时间内算出结果的算法。例如，不应采用只有"计算迭代到 $|\Delta| < \varepsilon$ 为止"的算法，而采用迭代到一定次数为止，或者迭代到 $|\Delta| < \varepsilon$ 或一定次数为止。

（5）程序接口

① YBYZ-4：定义所有部件之间的功能接口。对于安全关键的部件，尽可能限制它们与其他部件的交互。

② YBYZ-5：标识软件内的共享数据。设计应将安全关键的数据与其他数据隔离开来，非关键部件不能访问安全关键数据。

③ YBYZ-6：标识在接口中使用的安全关键数据。

④ JKSJ-1：模块的参数个数与模块接收的输入变元个数一致。

⑤ JKSJ-2：模块的参数属性与模块接收的输入变元属性匹配。

⑥ JKSJ-3：模块的参数单位与模块接收的输入变元单位一致。

⑦ JKSJ-4：模块的参数次序与模块接收的输入变元次序一致。

⑧ JKSJ-5：传送给被调用模块的变元个数与该模块的参数个数相同。

⑨ JKSJ-6：传送给被调用模块的变元属性与该模块参数的属性匹配。

⑩ JKSJ-7：传送给被调用模块的变元单位与该模块参数的单位一致。

⑪ JKSJ-8：传送给被调用模块的变元次序与该模块参数的次序一致。

⑫ JKSJ-9：调用内部函数时，变元的个数、属性、单位和次序正确。

⑬ JKSJ-10：不得修改只是作为输入值的变元。

⑭ JKSJ-11：全程变量在所有引用它们的模块中都有相同的定义。

⑮ JKSJ-12：不存在把常数当作变量来传送的情况。

3.4.1.2.2　功能设计

机载软件可靠性的功能设计要求分别阐述如下：

（1）逻辑设计

① LJSJ-1：判定语句。安全关键计算系统功能中的判定语句应不依靠全 1 或全 0 的

输入，特别是当这个信息来自外部传感器时。

②LJSJ-2：外部功能。要求两个或多个来自软件的安全关键信号的外部功能（例如，点火安全设备或武器点火设备的解除保险和空中发射武器的释放）应不从单个输入/输出寄存器或缓存器接收全部必要的信号。

③LJSJ-3：安全关键功能。安全关键功能的运行，应该在接到两个或更多个相同的信息后才执行。

④LJSJ-4：在进行数学运算时，应仔细考虑浮点数接近零时的处理方式，在可能发生下溢时，使用适当小的浮点数来替代零，以避免下溢情况发生。在含有浮点数的关系判断中，不应直接进行相等关系判断。

（2）自检设计

①ZJSJ-1：计时器复位设计，应使软件不能进入某个内部循环（inner loop）或作为该循环指令序列的一部分复位该计时器。适用时应使系统返回到某个已知安全状态并向操作员报警。计时器的设计必须确保主要 CPU 时钟的失效不能损害其功能。

②ZJSJ-2：存储器检查。必须定期检查存储器、指令和数据总线。测试指令序列的设计必须确保单点或很可能的复合失效被检测出来。加载时必须进行数据传输的检查和程序加载验证检查，并在此后定期进行，以确保安全关键代码的完整性。

③ZJSJ-3：BIT。有时故障/失效检测、隔离和恢复可以基于较低级处理器的 BIT，其中较低级的一些单元进行自我测试，并向较高级的处理器报告它们的好/坏状态。较高级的处理器将被报告为失败或不健康状态的单元关掉。

④ZJSJ-4：加电检测。软件设计应考虑在系统加电时完成系统级的检测，验证系统是安全的并在正常地起作用；在可能时软件应对系统进行周期性检测，以监视系统的安全状态。

⑤JZXSJ-1：必须提供监控定时器或类似措施，以确保计算机具有处理程序超时或死循环故障的能力。

⑥JZXSJ-2：与硬件状态变化有关的程序设计应考虑状态检测的次数或时间，无时间依据情况下可用循环等待次数作为依据，超过一定次数作超时处理。

⑦JZXSJ-3：故障检测。对于计算系统的安全关键子系统必须编写故障检测和隔离程序。故障检测程序必须设计成在这些有关安全关键功能执行之前检测潜在的安全关键失效。故障隔离程序必须设计成将故障隔离到实际的最低级，并向操作员或维护人员提供这个信息。

⑧JZXSJ-4：运行检查。可测试的安全关键系统元素的运行检查必须直接在执行有关安全关键操作之前进行。

（3）功能分配

①YBYZ-1：进行功能分配，确定哪些模块、类等将实现安全关键需求。尽可能将安全关键的部件与非关键部件隔开，并最小化安全关键部件的数目。关键部件之间的接口设计应实现最小交互（低耦合）。

②YBYZ-2：详细说明安全性相关的设计和实现约束。

③YBYZ-3：对于高风险系统，应避免中断，因为它们可能干扰软件安全性控制。所使用的任何中断都应该基于优先级。

（4）故障检测、恢复与安全保护

① YBYZ-7：为安全关键部件制订差错检测或恢复方案。

② YBYZ-8：对异常和意外的外部输入（例如，不合适的命令或越限的测量）的响应，包括语言产生的异常和意外。

③ YBYZ-9：考虑危险操作场景。应考虑：设计能怎样防止人工差错产生？设计如何能在故障变为失效前识别它们？设计中可以加进什么内容来降低危险发生的风险。

④ YBYZ-10：应考虑：在操作中是否要求进行内存测试？何时运行这些测试？这些测试能否影响安全关键功能？

⑤ YBYZ-11：考虑使用内存利用率校验来对迫近的内存饱和提前告警。

⑥ YBYZ-12：安全保护和恢复措施的设计应充分考虑真实世界的条件和相应的临界时间。仅当在最坏（长时间）响应时间和最坏（短时间）临界时间之间有足够的裕量时，自动安全保护才能够进行有效的危险控制。

⑦ YBYZ-13：在临界时间少于现实操作人员响应时间或在操作回路中没有人工干预时，常常需要自动安全保护。自动安全保护可由硬件、软件或两者的结合来完成，取决于实现自动安全保护的最佳系统设计。

⑧ YBYZ-14：保护关键内存块数据避免遭受无意破坏或删除。

（5）设计可行性、性能和余量

① YBYZ-15：表明安全关键部件是如何对安全性需求作出响应的。定义这些部件的设计余量。

② YBYZ-16：采样速率的选择应考虑噪声水平和控制系统以及物理参数的预期变化。对于非关键信号的测量，采样速率应至少是最大预期信号频率的两倍。对于关键信号，以及用于闭环控制的参数，采样速率必须比系统特征频率的采样频率高出至少十倍。

③ YBYZ-17：计算机读数据、计算和输出结果需要一定的时间，因此有些控制参数将总是过时的。控制系统必须适应这种情况，也应校验计时时钟的基准数据、同步和精确性。

（6）指针设计

① ZZSJ-1：禁止将参数指针赋值给过程指针。

② ZZSJ-2：禁止指针的指针超过两级。

③ ZZSJ-3：禁止引用空指针。

④ ZZSJ-4：禁止将过程声明为指针类型。

⑤ ZZSJ-5：谨慎使用指针逻辑比较。

⑥ ZZSJ-6：谨慎对指针进行代数运算。

（7）关键功能设计

① FCSJ-7：关键功能必须受控于两个独立的功能。

② FCSJ-8：在系统控制回路中，安全关键功能的执行在可能时必须经操作人员确认或启动。

③ FCSJ-9：安全关键功能应该在接到两个或更多个相同的信息后才执行。

④ FCSJ-10：安全关键功能必须具有强数据类型；不得使用一位的逻辑"0"或"1"来表示"安全"或"危险"状态；其判定条件不得依赖于全"0"或全"1"的输入。

⑤ FCSJ-11：关键计时功能必须由计算机控制，操作人员不能随意修改。

⑥ FCSJ-12：在启动安全关键功能之前，必须对可测试的安全关键单元进行实时检测。当检测到不安全情况时，必须采取措施进行处理。

⑦ FCSJ-13：需要获得两个或更多安全关键信息的外部功能时不得从单一输入 / 输出接口接收所有的必要信息。

⑧ FCSJ-14：必须监测安全关键软件内或安全关键软件间的无意跳转；如果可行，进行故障诊断并确定引起无意跳转的原因。

⑨ FCSJ-15：必须提供从无意指令跳转处进入故障安全状态的恢复措施。

3.4.1.2.3　状态设计

机载软件可靠性的状态设计要求分别阐述如下：

（1）ZTSJ-1：安全关键状态变更时，确保有状态变更报告。

（2）ZTSJ-2：避免在操作员未知的情况下改变系统的安全状态。

（3）ZTSJ-3：安全状态恢复。人机交互软件要便于操作员用单一动作处理当前事务，使系统退出潜在不安全状态，并恢复到某一安全状态。

（4）ZTSJ-4：初始状态设计为 0 位状态，如"00"表示初始状态。

3.4.1.3　容错设计要求

依据 GJB/Z 102、GJB/Z 102A 等标准，"容错设计要求"包括"余度设计""围绕故障和失效的容错设计"等类别。其中，"余度设计"包括"余度表决设计""余度通道设计"等子类别；"围绕故障和失效的容错设计"包括"结构容错设计""信息容错设计"等子类别。对每类设计要求简要定义如下：

（1）余度设计：针对软件多余度输入、多余度输出、余度备份切换机制等进行的设计。确保单个余度出现故障时，软件能够保证系统继续稳定运行，不出现危险事故。其包括"余度表决设计""余度通道设计"等子类别。

（2）围绕故障和失效的容错设计：借助 N 版本程序设计、恢复块、信息冗余等技术，实现对故障和失效进行容错的设计。确保软件出现故障或失效后，能够快速恢复或继续保持稳定运行。其包括"结构容错设计""信息容错设计"等子类别。

具体的机载软件容错设计要求列举如下。

3.4.1.3.1　余度表决设计

机载软件可靠性的余度表决设计要求分别阐述如下：

（1）YDBJ-1：对于安全关键信息（包括重要程序和数据）应该保存到两个或更多个存储空间，同时对于关乎安全关键功能的重要信息应通过两个或更多的产生方式和传输方式进行产生、收集和表决判断。

（2）YDBJ-2：对安全关键信息，应保存在多种或多个不同芯片中，并进行表决处理。

（3）YDBJ-3：对随机存取存储器（RAM）中的重要程序和数据，应存储在三个不同的地方，而访问这些程序和数据都通过三取二表决方式来裁决。

3.4.1.3.2　余度通道设计

机载软件可靠性的余度通道设计要求分别阐述如下：

（1）YDQH-1：对于要求冗余的任何危险控制，应规定冗余策略（冷备份、热备份）和转换逻辑。

（2）YDQH-2：对可编程只读存储器（programmable read only memory，PROM）中的

重要程序进行备份（例如，备份在不同的 PROM 中），一旦 PROM 中的程序被破坏，还可通过遥控命令等手段使系统执行其备份程序。

3.4.1.3.3 结构容错设计

机载软件可靠性的结构容错设计要求分别阐述如下：

（1）JGRC-1：必须工作的功能（MWF）。必须工作的功能通过独立的并行冗余实现容失效。

（2）JGRC-2：必须不工作的功能（MNWF）。必须不工作的功能通过多个独立的串联禁止来达到容失效。对于那些视为独立的串联禁止而言，它们（通常）应受控于包含相异软件的不同处理器。对于独立的 2 个串联禁止而言，没有任何一个单一失效、人员差错、事件或者环境可以激活这 2 个禁止。对于独立的 3 个串联禁止而言，没有任何 2 个失效、人员差错、事件或者环境（或者任何 2 个单项的组合）可以激活所有 3 个禁止。一般说来，这意味着每一个禁止都必须由具有不同软件（例如，N 版本程序设计）的不同处理器来控制。

（3）JGRC-3：屏蔽（收敛测试）。对于非离散的连续变化的安全关键的参数，进行收敛测试（convergence testing）或者"屏蔽"（shadowing），以便预测预期的性能，并判定失效是否已经在较低级的过程中发生。在没有足够的冗余来保持系统充分运行时，可以转换到某个功能子集或者降级功能集，以执行最少的功能。

（4）JGRC-4：多数表决。有些冗余方案基于多数表决。在诊断失效的准则复杂时，这项技术特别有用。多数表决要求更多的冗余来达到某个给定的容失效等级，具体如下：3 取 2 达到容一个失效；5 取 3 达到容两个失效。为了达到多数表决，要求奇数个并行单元。

（5）JGRC-5：N 版本程序设计。可以用于实现容失效的行为。软件的多个独立版本同时执行。如果结果完全一致，那么过程继续。如果存在不一致，那么使用某种表决方法来确定哪种结果是正确的。要确保达到 N- 版本程序设计有效的独立性。要选用各种不同的实现手段和方法来保证版本的强制相异，以减少共因故障。

（6）JGRC-6：故障封锁区域。建立故障封锁区域，以防止软件故障的传播。应使用诸如防火墙或者"来源"检查之类的技术来为故障封锁区域提供充分的隔离，以防止危险的故障传播。最好采用硬件对故障封锁区域进行分割或者采用硬件作为故障封锁区域的防火墙。

（7）JGRC-7：冗余的体系结构。冗余的体系结构指具有两个版本的运行代码。与 N 版本程序设计不同，这两个版本并不需要等同地运行。主软件是高性能的版本，是需要运行的"常规"软件，它满足要求的所有功能性和性能需求。将控制提供给"高保证"内核（也称为安全性内核）。该高保证内核可以具有与高性能软件相同的功能性，或者可以具有较为有限的范围。其主要特点在于它是安全的。

（8）JGRC-8：恢复块。恢复块使用多个软件版本以发现故障，并从故障中恢复。对一个版本的输出通过验收测试进行检查。如果它失败，那么另一个版本计算该输出，并且该过程继续。每一个后继版本更为可靠，但效率更低。如果最后一个版本失败，程序必须确定某些失效安全的方式。

（9）JZXSJ-5：一般依据软件安全关键等级，确定软件的失效容限要求，进而确定软件冗余要求（采用 N 版本设计）。例如，对于 A 级软件，推荐失效容限为 2，要进行 5 版本程序设计；对于 B 级软件，推荐失效容限为 1，要进行 3 版本程序设计；对于 C、D 级软件，不考虑失效容限，无须进行冗余设计。

（10）JZXSJ-6：必须工作的功能通过独立的并行冗余实现容失效；必须不工作的功能通过多个独立的串联禁止来达到容失效。对于那些视为独立的串联禁止而言，它们（通常）应受控于包含相异软件的不同处理器。

（11）JZXSJ-7：采用 N 版本设计实现容失效。N 版本程序设计由 N 个实现相同功能的（必要时，在考虑特殊处理后可包括按功能降级设计的）相异程序和一个管理程序组成，各版本先后运算出来的结果相互表决，确定输出。在表决器不能分辨出错模式的情况下，应当采取少数服从多数的表决方式，甚至可以根据系统要求，采取"一票否决"的表决方式。

（12）JZXSJ-8：针对故障检测或处理，可采用 BIT 技术。对某些特定单元进行实时测试，并由相应功能模块对 BIT 测试结果进行处理。

（13）JZXSJ-9：进行隔离设计，例如，分区隔离、划分保护（考虑硬件资源、控制耦合等要素），以确保故障得到快速和有效的隔离。

（14）JZXSJ-10：对于多个余度的数据或功能，应采用多数表决机制，即针对多个余度的输入数据或功能输出值设计多数表决算法，以确保得到合理有效的表决值。

（15）JZXSJ-11：采用恢复块技术。恢复块由一个基本块、若干个替换块（可以是功能降级替换块）和接受测试程序组成。基本工作方式是：运行基本块，进行接受测试。若测试通过，则输出结果；否则调用第一个替换块，再进行接受测试；若在第 N 个替换块用完后仍未通过接受测试，便进行出错处理。

3.4.1.3.4　信息容错设计

机载软件可靠性的信息容错设计要求分别阐述如下：

XXRC-1：数据区隔离。为了防止程序把数据错当指令来执行，要采用将数据与指令分隔存放的措施。必要时在数据区和表格的前后加入适当的空指令（no operation，NOP）和跳转指令，使 NOP 的总长度等于最长指令的长度，然后加入一条跳转指令，将控制转向出错处理程序。

3.4.2　机载软件可靠性编码

3.4.2.1　通用编程规范（TYBCGF）

机载软件可靠性的通用编程规范分别阐述如下：

（1）TYBCGF-1：采用标准化的程序设计语言进行编程。

（2）TYBCGF-2：在同一系统中，应尽量减少编程语言的种类；应按照软件的类别，在实现同一类软件时只采用一种版本的高级语言进行编程，必要时，也可采用一种机器的汇编语言编程。

（3）TYBCGF-3：软件编码时应遵循编程标准或规范，以保证软件实现的安全性。

（4）TYBCGF-4：选用经过优选的编译程序或汇编程序，杜绝使用盗版软件。

（5）TYBCGF-5：为提高软件的可移植性和保证程序的正确性，建议只用语言编译程序中符合标准的部分编程，尽量减少用编译程序引入的非标准部分进行编程。

（6）TYBCGF-6：不得使用 GOTO 语句。

（7）TYBCGF-7：禁止使用未初始化的变量。

（8）TYBCGF-8：注意内存的管理与使用，避免造成内存泄露。

（9）TYBCGF-9：禁止程序正常执行时直接从过程中跳出。

（10）TYBCGF-10：注意由编译程序引入的不确定的行为（例如，产生无法覆盖的目标代码）。

3.4.2.2　C 语言编程规范（CYBCGF）

3.4.2.2.1　声明定义

针对 C 语言机载软件编程的声明定义要求分别阐述如下：

（1）CYBCGF-1：禁止通过宏定义改变关键字和基本类型含义。

（2）CYBCGF-2：禁止将其他标识宏定义为关键字和基本类型。

（3）CYBCGF-3：用 typede 自定义的类型禁止被重新定义。

（4）CYBCGF-4：禁止重新定义 C 或 C++ 关键字。

（5）CYBCGF-5：禁止 #define 被重复定义。

（6）CYBCGF-6：函数中的 #define 和 #undef 必须配对使用。

（7）CYBCGF-7：以函数形式定义的宏、参数和结果必须用括号括起来。

（8）CYBCGF-8：结构、联合、枚举的定义中必须定义标识名。

（9）CYBCGF-9：结构体定义中禁止含有无名结构体。

（10）CYBCGF-10：位定义的有符号整形变量位长必须大于 1。

（11）CYBCGF-11：位定义的整数型变量必须明确定义是有符号还是无符号。

（12）CYBCGF-12：位定义的变量必须是同长度的类型且定义位禁止跨越类型的长度。

（13）CYBCGF-13：函数声明中必须对参数类型进行声明，并带有变量名。

（14）CYBCGF-14：函数声明必须与函数原型一致。

（15）CYBCGF-15：函数中的参数必须使用类型声明。

（16）CYBCGF-16：外部声明的变量、类型必须与定义一致。

（17）CYBCGF-17：禁止在函数体内使用外部声明。

（18）CYBCGF-18：数组定义禁止没有显式的边界限定。

（19）CYBCGF-19：禁止使用 extern 声明对变量初始化。

（20）CYBCGF-20：用于数值计算的字符型变量必须明确定义是有符号还是无符号。

（21）CYBCGF-21：禁止在 #include 语句中使用绝对路径。

（22）CYBCGF-22：禁止头文件重复包含。

（23）CYBCGF-23：函数参数表为空时，必须使用 void 明确说明。

3.4.2.2.2　版面书写

针对 C 语言机载软件编程的版面书写要求分别阐述如下：

（1）CYBCGF-24：循环体必须用大括号括起来。

（2）CYBCGF-25：if、else if、else 必须用大括号括起来。

（3）CYBCGF-26：禁止在头文件前有可执行代码。

（4）CYBCGF-27：引起二义性理解的逻辑表达式，必须使用括号显示说明优先级顺序。

（5）CYBCGF-28：逻辑判别表达式中的运算项必须要使用括号。

（6）CYBCGF-29：禁止嵌套注释。

3.4.2.2.3　指针使用

针对 C 语言机载软件编程的指针使用要求分别阐述如下：

（1）CYBCGF-30：禁止指针的指针超过两级。

（2）CYBCGF-31：函数指针的使用必须加以明确说明。

（3）CYBCGF-32：禁止对参数指针进行赋值。

（4）CYBCGF-33：禁止将局部变量地址作为函数返回值返回。

（5）CYBCGF-34：禁止使用或释放未分配空间或已被释放的指针。

（6）CYBCGF-35：指针变量被释放后必须置为 NULL。

（7）CYBCGF-36：动态分配的指针变量定义时如未被分配空间必须初始化为 NULL。

（8）CYBCGF-37：动态分配的指针变量第一次使用前必须进行是否为 NULL 的判别。

（9）CYBCGF-38：空指针必须使用 NULL，禁止使用整型数 0。

（10）CYBCGF-39：禁止文件指针在退出时没有关闭文件。

3.4.2.2.4　分支控制

针对 C 语言机载软件编程的分支控制要求分别阐述如下：

（1）CYBCGF-40：在 if-else 语句中必须使用 else 分支。

（2）CYBCGF-41：条件判定分支如果为空，必须以单独一行的分号加注释进行明确说明。

（3）CYBCGF-42：禁止使用空 switch 语句。

（4）CYBCGF-43：禁止对 bool 量使用 switch 语句。

（5）CYBCGF-44：禁止 switch 语句中只包含 default 语句。

（6）CYBCGF-45：switch 中的 case 和 default 必须以 break 或 return 终止，同时共用 case 必须加以明确注释。

（7）CYBCGF-46：switch 语句的所有分支必须具有相同的层次范围。

3.4.2.2.5　跳转控制

针对 C 语言机载软件编程的跳转控制要求分别阐述如下：

（1）CYBCGF-47：禁止从复合语句外 goto 到复合语句内，或由下向上 goto。

（2）CYBCGF-48：禁止使用 setjmp/longjmp。

3.4.2.2.6　运算处理

针对 C 语言机载软件编程的运算处理要求分别阐述如下：

（1）CYBCGF-49：禁止将浮点常数赋给整型变量。

（2）CYBCGF-50：禁止将越界整数赋给整型变量。

（3）CYBCGF-51：禁止在逻辑表达式中使用赋值语句。

（4）CYBCGF-52：禁止对逻辑表达式进行位运算。

（5）CYBCGF-53：禁止在运算表达式或函数调用参数中使用 ++ 或 −− 操作符。

（6）CYBCGF-54：对变量进行移位运算禁止超出变量长度。

（7）CYBCGF-55：禁止移位操作中的移位数为负数。

（8）CYBCGF-56：数组禁止越界使用。

（9）CYBCGF-57：数组下标必须是大于等于零的整型数。

（10）CYBCGF-58：禁止非枚举类型变量使用枚举类型的值。

（11）CYBCGF-59：除法运算中禁止被零除。

（12）CYBCGF-60：禁止在 sizeof 中使用赋值。

（13）CYBCGF-61：缓存区读取操作禁止越界。

（14）CYBCGF-62：缓存区写入操作禁止越界。

（15）CYBCGF-63：禁止使用已被释放了的内存空间。

（16）CYBCGF-64：被 free 的指针必须指向最初 malloc、calloc 分配的地址。

（17）CYBCGF-65：禁止使用 gets 函数，应使用 fgets 函数替代。

（18）CYBCGF-66：使用字符串赋值、拷贝、追加等函数时，禁止目标字符串存储空间越界。

3.4.2.2.7　函数调用

针对 C 语言机载软件编程的函数调用要求分别阐述如下：

（1）CYBCGF-67：禁止覆盖标准函数库的函数。

（2）CYBCGF-68：禁止函数的实参和形参类型不一致。

（3）CYBCGF-69：实参和形参的个数必须一致。

（4）CYBCGF-70：禁止使用旧形式的函数参数表定义形式。

（5）CYBCGF-71：函数声明和函数定义中的参数类型必须一致。

（6）CYBCGF-72：函数声明和函数定义中的返回类型必须一致。

（7）CYBCGF-73：有返回值的函数必须通过返回语句返回。

（8）CYBCGF-74：禁止无返回值函数的返回语句带有返回值。

（9）CYBCGF-75：有返回值函数的返回语句必须带有返回值。

（10）CYBCGF-76：函数返回值的类型必须与定义一致。

（11）CYBCGF-77：具有返回值的函数，其返回值如果不被使用，调用时应有（void）说明。

（12）CYBCGF-78：无返回值的函数，调用时禁止再用（void）重复说明。

（13）CYBCGF-79：静态函数必须被使用。

（14）CYBCGF-80：禁止同一个表达式中调用多个顺序相关函数。

（15）CYBCGF-81：禁止在函数参数表中使用省略号。

（16）CYBCGF-82：禁止使用直接或间接自调用函数。

3.4.2.2.8　语句使用

针对 C 语言机载软件编程的语句使用要求分别阐述如下：

（1）CYBCGF-83：禁止不可达语句。

（2）CYBCGF-84：禁止不可达分支。

（3）CYBCGF-85：禁止使用无效语句。

（4）CYBCGF-86：使用八进制数必须明确注释。

（5）CYBCGF-87：数字类型后缀必须使用大写字母。

3.4.2.2.9　循环控制

针对 C 语言机载软件编程的循环控制要求分别阐述如下：

（1）CYBCGF-88：for 循环控制变量必须使用局部变量。

（2）CYBCGF-89：for 循环控制变量必须使用整数型变量。

（3）CYBCGF-90：禁止在 for 循环体内部修改循环控制变量。

（4）CYBCGF-91：无限循环必须使用 while（1）语句，禁止使用 for（；；）等其他形式的语句。

3.4.2.2.10　类型转换

针对 C 语言机载软件编程的类型转换要求分别阐述如下：

（1）CYBCGF-92：浮点数变量赋给整型变量必须强制转换。

（2）CYBCGF-93：长整数变量赋给短整数变量必须强制转换。

（3）CYBCGF-94：double 型变量赋给 float 型变量必须强制转换。

（4）CYBCGF-95：指针变量的赋值类型必须与指针变量类型一致。

（5）CYBCGF-96：将指针赋予非指针或非指针变量赋予指针变量，必须使用强制转换。

（6）CYBCGF-97：禁止使用无实质作用的类型转换。

3.4.2.2.11　初始化

针对 C 语言机载软件编程的初始化要求分别阐述如下：

（1）CYBCGF-98：变量禁止未赋值就使用。

（2）CYBCGF-99：变量初始化禁止隐含依赖于系统的缺省值。

（3）CYBCGF-100：结构体初始化的嵌套结构必须与定义一致。

（4）CYBCGF-101：枚举元素定义中的初始化必须完整。

3.4.2.2.12　比较判断

针对 C 语言机载软件编程的比较判断要求分别阐述如下：

（1）CYBCGF-102：禁止对逻辑量进行大于或小于的逻辑比较。

（2）CYBCGF-103：禁止对指针进行大于或小于的逻辑比较。

（3）CYBCGF-104：禁止对浮点数进行是否相等的比较。

（4）CYBCGF-105：禁止对无符号数进行大于等于零或小于零的比较。

（5）CYBCGF-106：禁止无符号数与有符号数之间的直接比较。

3.4.2.2.13　变量使用

针对 C 语言机载软件编程的变量使用要求分别阐述如下：

（1）CYBCGF-107：禁止局部变量与全局变量同名。

（2）CYBCGF-108：禁止函数形参与全局变量同名。

（3）CYBCGF-109：禁止变量名与函数名同名。

（4）CYBCGF-110：禁止变量名与标识名同名。

（5）CYBCGF-111：禁止变量名与枚举元素同名。

（6）CYBCGF-112：禁止变量名与 typedef 自定义的类型名同名。

（7）CYBCGF-113：禁止在内部块中重定义已有的变量名。

（8）CYBCGF-114：禁止仅依赖大小写区分的变量。

（9）CYBCGF-115：禁止仅依赖小写字母"l"与数字"1"区分的变量。

（10）CYBCGF-116：禁止仅依赖大写字母"O"与数字"0"区分的变量。

（11）CYBCGF -117：禁止单独使用小写字母"l"或大写字母"O"作为变量名。

（12）CYBCGF-118：程序外部可改写的变量，必须使用 volatile 类型说明。

（13）CYBCGF-119：禁止在表达式中出现多个同一 volatile 类型变量的运算。

（14）CYBCGF-120：禁止将 NULL 作为整型数 0 使用。

（15）CYBCGF-121：禁止给无符号类型变量赋负值。

（16）CYBCGF-122：用于表示字符串的数组必须以"\0"结束。

3.5 机载软件可靠性测试

3.5.1 概述

软件可靠性测试的核心思想在于：构造运行剖面或者任务剖面真实模拟用户使用软件的运行场景或方式。依据运行剖面或任务剖面设计并生成软件可靠性测试用例，识别出现频率较高的失效，进而依据失效数据进行软件可靠性定量评估，验证当前软件可靠性水平（基本可靠性或者任务可靠性）是否满足指标要求。目前，软件可靠性测试主要有如下三种类型：

（1）基于任务剖面的软件可靠性测试：主要依据软件的任务剖面和使用场景设计可靠性测试用例，重点揭露使用频率较高且对软件任务完成影响较严重的软件失效，实现软件可靠性的快速增长。同时，记录软件可靠性测试过程中的失效时间数据以及用例执行数据，可用于任务可靠度（R）等任务可靠性指标的定量评估，验证机载软件任务可靠性水平是否满足系统分配的任务可靠性指标要求。

（2）基于运行剖面的软件可靠性测试：通过构造运行剖面真实模拟用户使用软件的运行场景或方式，依据运行剖面设计并生成软件可靠性测试用例，识别出现频率较高且对软件稳定运行影响较严重的失效。同时，记录软件可靠性测试过程中的失效时间数据，可用于平均失效间隔时间（MTBF）等基本可靠性指标的定量评估，验证机载软件基本可靠性水平是否满足系统分配的基本可靠性指标要求。

（3）基于软件失效模式的软件可靠性测试：验证软件可靠性安全性需求是否已得到充分实现，以及软件失效模式是否已得到有效消除或控制。其依据软件失效模式及其影响分析数据，设计测试用例，将测试用例的外部输入充分映射至软件使用空间中的异常输入域（即常规测试方法关注较少的极端状态或异常状态），充分暴露软件需求中的问题隐患，迅速提升软件可靠性安全性水平，从而高置信度确认软件失效模式已得到有效地消除与控制，验证软件可靠性安全性需求已得到充分实现。

通过软件可靠性测试可以实现如下目标：

（1）有效发现出现频率较高的失效：依据用户使用机载软件的运行场景或方式对软件进行测试，充分暴露在实际使用过程中发生概率高的失效模式，实现可靠性水平增长。

（2）验证机载软件可靠性是否满足指标要求：借助软件可靠性评估模型，对软件可靠性测试过程中记录的失效数据进行分析处理，并对当前机载软件可靠性水平进行评估，判定是否满足可靠性指标要求。

（3）预计机载软件可靠性增长趋势：借助软件可靠性评估模型，对机载软件可靠性测试过程中记录的失效数据进行分析处理，可以预测未来一段时间软件可靠性水平的增长趋势，为开发管理提供决策依据。

机载软件可靠性测试过程如图 3-9 所示。

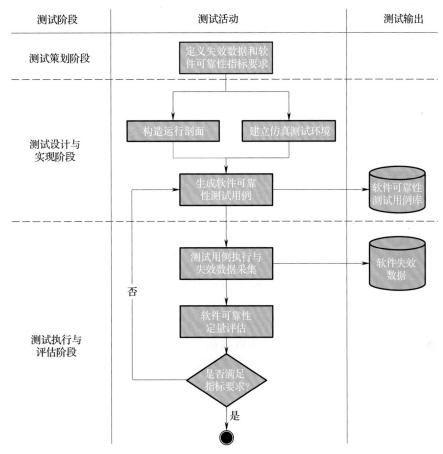

图 3-9　机载软件可靠性测试过程

依据图 3-9，对机载软件可靠性测试过程说明如下：

（1）测试策划阶段

步骤 1：定义失效数据和软件可靠性指标要求。

①对失效数据进行定义：包括失效判据（如何判定测试用例执行结果为一次失效）、失效数据采集信息（例如，失效时间、失效次数）等；

②确定软件可靠性测试指标要求：依据系统可靠性指标要求，确定分配给软件的可靠性指标要求，即软件可靠性参数（MTTF、失效率等）的增长目标值。

（2）测试设计与实现阶段

步骤 2：构造机载软件运行剖面（或者任务剖面）。

构造运行剖面是机载软件可靠性测试过程中的关键环节。其核心思想在于如何准确描述机载软件的使用场景与方式，为软件可靠性测试用例生成与执行奠定基础，包括任务模式剖面构造、功能转移剖面构造、操作过程剖面构造以及输入分布剖面构造等若干步骤。

步骤 3：构建机载软件可靠性测试环境。

根据软件运行场景、交联设备等信息，构建软件可靠性测试环境。一般情况下，应尽可能采用真实运行环境。在真实环境无法满足的情况下也可以考虑构建仿真测试环境。

步骤4：生成机载软件可靠性测试用例。

依据机载软件运行剖面以及可靠性测试环境，随机抽取并生成软件可靠性测试用例。

（3）测试执行与评估阶段

步骤5：测试用例执行与数据记录。

将所生成的可靠性测试用例依次在测试环境中执行。依据软件失效判据，对测试过程中产生的失效数据加以识别和记录。

步骤6：机载软件可靠性定量评估。

借助 GJB/Z 161 等标准中推荐的软件可靠性定量评估模型，对所记录的失效时间数据信息进行处理，获得机载软件可靠性指标参数（MTTF、失效率等）的定量评估结果。

机载软件可靠性测试的注意事项有：

（1）软件可靠性测试用例必须基于运行剖面生成。

（2）对软件可靠性测试中发现的问题必须加以纠正。

（3）可能的话，记录每一次软件失效的时间。

（4）软件可靠性测试用例执行与记录时，由相同缺陷导致的失效数据只记录第一次。

（5）回归测试时收集的信息，不作为软件可靠性评估的依据。

（6）软件可靠性定量评估所使用的失效数据，最好来自基于运行剖面的软件可靠性测试过程，或实际的使用过程。失效数据的收集必须及时、完整、准确。

（7）在进行软件可靠性测试前应由测试方、软件研制单位以及使用方共同明确失效判据。不同的软件类别或不同的可靠性指标要求，失效判据可能会不同。

（8）对于复杂机载软件系统来说，可以构造多个运行剖面。但必须针对每个运行剖面分别进行测试用例设计、执行与可靠性评估。

3.5.2 基于运行剖面的机载软件可靠性测试

3.5.2.1 机载软件运行剖面构建

传统软件可靠性运行剖面的构造方法主要是 Musa 运行剖面构建方法（简称 Musa 方法）。其主要过程简述如下：

（1）运行剖面定义

剖面是一组独立的称为元素的可能性和与之相关的发生概率。软件运行剖面（operational profile）是软件可执行的操作及其发生概率组成的集合，其定量地描述用户实际使用软件的方式。

建立运行剖面的目的是，准确定量地刻画用户对软件的使用情况，以及用户使用软件的统计规律。在此基础上采用随机抽取算法，生成软件可靠性测试用例。运行剖面构造质量决定了软件可靠性测试与评估的有效性。

（2）运行剖面构造

软件可靠性工程的创始人——美国的 Musa 教授在 20 世纪 90 年代提出一种自顶向下逐层细化的方法来构造软件可靠性测试运行剖面，包括如下 5 个步骤：

①构建客户剖面

客户剖面由独立的客户类型序列构成。和其他产品一样，客户就是购买软件系统的个人、群体或组织。客户类型是群体中以相近的方式使用系统的一个或多个客户，其行为在本质上不同于其他客户类型。客户剖面就是关于客户组及其相关概率的完备集合。

②构建用户剖面

用户剖面是用户类型和他们使用该系统的概率。用户是使用而不是获取该系统的个人、群体或机构，用户类型是以相似的方式使用系统的用户群体。

③构建系统模式剖面

系统模式剖面是关于软件工作状态或模式及其发生概率的一个集合。系统模式是为便于分析在不同工作状态或模式下，分组而成的功能或操作集合。软件能在多种工作状态或模式间进行转换，每次只有一种状态或模式有效。系统模式更加强调软件的运行场景，是站在不同使用方式的角度对功能或操作的分类，例如，在高峰期（高负载）和低潮期（低负载），或者正常使用和维护状态下，软件的功能或操作及其概率显然会发生变化。

④构建功能剖面

识别软件每项工作状态或模式下的功能集合，并确定相应功能发生概率，就构成软件功能剖面。此处，"功能"可表征在特定的环境中，软件要执行的一项独立任务或整个工作中的一部分。环境指的是可能影响软件运行的各种情况，但又不直接与软件的特征相关。环境由环境变量来标识，例如，软件运行时的硬件配置或者供存取的数据源都可以看作一个环境变量。在进行功能划分时，需要根据软件需求功能项进行功能识别，同时进行环境变量分析，在此基础上生成最终的功能列表。

⑤构建操作剖面

一个功能由一个或多个操作组成。此处，"操作"被认为是一个独立的逻辑任务，持续时间短，结束后将控制权交还给系统，并且它的处理与其他操作有显著不同。每一个功能都有属于自己的操作集合（即使该功能只有一个操作）。

图 3-10 较为直观地说明 Musa 五步法运行剖面自上而下的构建过程。每层剖面是一个二维向量集合，第一维表示该层剖面的元素，第二维表示该元素所对应的概率。例如，客户剖面的二维向量是 < 客户，客户的概率 >。

机载软件长时间连续运行，经历上电初始化、巡航、战斗、滑行等多种任务场景。在各类任务场景下，软件功能、操作、输入之间存在着路径转移、时序约束等复杂动态逻辑，可能会引发多种异常失效模式，对可靠性增长有着严重影响。因此，传统 Musa 方法在应用于机载软件时，具有如下局限性，即 Musa 方法侧重于对软件状态、功能、操作等需求元素的静态属性（即发生概率）进行描述，而对于需求元素之间的路径转移、时序约束等动态属性则未予以体现。因此，Musa 方法难以充分覆盖机载软件的各种任务场景和动态时序关系，无法准确反映机载软件运行中的实际使用情况。

因此，为解决现有 Musa 方法应用于机载软件的局限性，准确描述机载软件多任务场景下的功能、操作、输入之间的转移、时序等动态特点，提升软件可靠性测试效率，本书介绍一种适用于机载软件的运行剖面构建方法，即以图形化方式描述机载软件功能、操作、输入之间的动态转移与约束关系，以动态视角来准确描述机载软件运行过程中可能经历的各种任务场景，主要方案如图 3-11 所示。

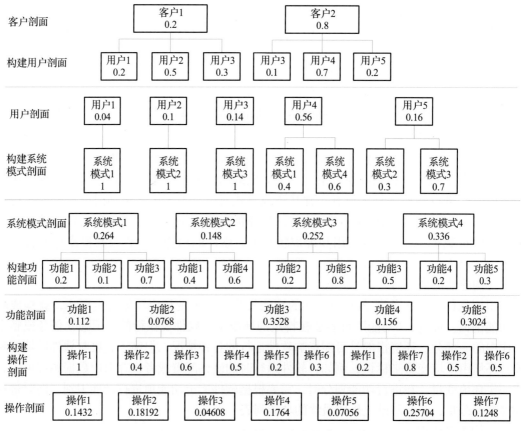

图 3-10　Musa 运行剖面层次化构建示意图

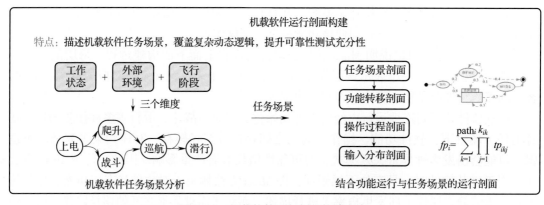

图 3-11　机载软件运行剖面构建方案

图 3-11 中所构建的机载软件运行剖面具有如下特点：

（1）图形化的动态剖面视图：传统技术以简单的静态层次关系或列表形式来表征软件运行过程，可视性不强，不利于描述机载软件功能、操作之间的动态关系，无法从用户的角度来真实模拟机载软件各种运行场景。本书提出的运行剖面则以各类剖面视图来描述机载软件不同场景下的功能、操作、输入等动态关系，直观呈现软件动态复杂逻辑关系，利于研制人员开展测试需求分析和设计。

（2）充分覆盖复杂异常场景：传统技术依据剖面视图生成大量重复的正向测试用例，可靠性增长效率较低。而本书提出的运行剖面则可以覆盖各类任务场景下功能、操作之间转移而导致的异常激励，快速提升软件可靠性水平。

（3）增加操作剖面的变量配置描述：传统技术并未描述软件操作与外部输入输出接口之间的映射关系，也未对外部接口的取值空间情况进行描述，不利于可靠性测试用例设计与生成。本书提出的任务剖面，增加操作与输入接口之间的配置描述。首先建立各项操作与输入输出接口的映射关系，然后对各输入输出接口的取值空间进行描述，并确定接口取值空间的概率信息。依据操作与变量之间的配置关系，可有效设计并生成软件可靠性测试用例。

综上所述，基于传统 Musa 结构化方法，结合典型机载软件运行特征，自上而下逐层构造软件可靠性运行剖面，包括任务场景剖面构建、功能转移剖面构建、操作过程剖面构建以及输入分布剖面构建等内容，过程如下：

（1）构建任务场景剖面

描述机载软件运行过程中，所可能经历的各类任务场景，以及任务场景之间的转移关系。

（2）构建功能转移剖面

描述在各类任务场景下，机载软件所需执行的各项功能，以及功能之间的转移关系与执行概率。

（3）构建操作过程剖面

描述各项功能的操作序列集合，以及操作相关接口的配置关系。

（4）构建输入分布剖面

明确功能各项输入变量的分类与赋值方法，并建立输入变量的时序逻辑关系。

3.5.2.1.1　构建任务场景剖面

构建机载软件任务场景剖面，主要包括如下几项内容：

（1）识别任务场景剖面元素

任务场景剖面是关于机载软件工作状态或模式及其发生概率的一个集合。任务场景剖面是为便于分析在不同工作状态或模式下，分组而成的功能或操作集合。机载软件能在多种工作状态或模式间进行转换，每次只有一种状态或模式有效。任务场景剖面更加强调软件的运行场景，是站在不同使用方式的角度对功能或操作的分类，例如，正常使用和维护状态下，软件的功能或操作及其概率显然会发生变化。

因此，在任务场景分析结果基础上，确定机载软件运行过程中所经历的各种任务场景，包括"工作状态、外部环境、任务阶段"等不同维度的任务场景，以及这些任务场景之间的转移、时序等综合情况。

（2）确定任务场景剖面概率

可以收集机载软件运行日志或者通过专家经验，分析操作员使用该软件的任务场景以及可能使用情况（或运行时长），确定不同任务场景的使用比例，即任务场景剖面的概率信息。记任务场景 j 在用户类型 i 中的相对概率为 ps'_{ij}。

3.5.2.1.2　构建功能转移剖面

构建机载软件功能转移剖面，主要包括如下几项内容：

（1）识别功能转移剖面元素

功能转移剖面主要描述在各类任务场景下，机载软件所需执行的各项功能。每个任务场景下可能会同时运行一项或多项功能，例如，在上电初始化任务场景下，软件执行初始化、上电自检等多项功能。功能转移剖面主要包括功能名称、功能执行概率（即在一次运行过程中，该功能被执行的概率信息）、转移关系等基本要素。对于机载软件来说，"功能"可定义为一个完整的逻辑任务单元，其由一个特定的操作序列组成。原则上，功能转移剖面中的功能表示一项完整的逻辑任务，由属于该功能的操作序列集合组成。若某些"功能"还需要进一步分析，则可以使用"功能"子剖面视图的概念来描述。需要说明的是，子功能也是由其操作序列集合组成的。

（2）建立功能转移关系

功能转移剖面是一种动态的逻辑关系描述。其既可表现出功能之间的时序转移关系，也可描述功能的前置条件和后置条件等约束关系，从而完整而清晰地表现出功能层面上软件的逻辑关系。特别地，当功能转移剖面视图中的每个功能都相互孤立、不存在任何时序和转移关系时，得到的便是传统 Musa 运行剖面技术中的功能剖面。

功能之间的转移关系指的是当前功能执行结束时，向其他功能转移的可能性。转移关系可分为顺序转移和条件转移两种类型：

①顺序转移：表示两个有着必然先后关系的功能转移关系，明显地，若两个功能之间存在着顺序转移关系，则前序功能运行结束后，只能向后续功能转移。

②条件转移：表示当前功能可能向多个其他功能发生转移。例如，A 功能运行结束后，即可向 B 功能转移，也可向 C 功能转移。那么 A 功能与 B 功能及 C 功能之间存在条件转移关系。

（3）确定功能执行概率

建立功能之间的转移关系后，还需明确各项功能的执行概率。为后续的测试用例设计、失效概率计算等工作提供输入。假定机载软件功能转移剖面中共有 n 项功能，每项功能 f_i 的执行概率 $\{fp_i\}|_{i=1}^{n}|$ 的计算方法主要有两种：

方法一：依据专家经验法进行估算。

首先，可组织有经验的领域专家、系统设计人员、软件研制人员共同对功能之间的所有转移概率进行估算。

其次，针对功能 f_i，假定共有 path_i 条转移路径（从起始点开始到功能 f_i 结束的若干功能转移所组成的一条通路）与功能 f_i 相关，称这些转移路径为功能 f_i 的可达路径。假设功能可达路径 k（$k=1,\cdots,\text{path}_i$）上共有 K_{ik} 次功能转移，每次功能转移概率记为 tp_{ikj}（$j=1,\cdots,K_{ik}$，$tp_{ikj} \leqslant 1$）。

最后，功能 f_i 的每条可达路径上的所有转移概率乘积之和即为功能 f_i 的执行概率 fp_i，即有

$$fp_i = \sum_{k=1}^{\text{path}i} \sum_{j=1}^{K_{ik}} tp_{ikj} \tag{3-53}$$

这种计算方法需要采用专家经验法来确定各功能之间的转移概率信息，其主观性太强，不利于保证计算结果的准确性。

方法二：根据使用测试数据进行估算。

可考虑使用机载软件交付前的运行测试（即模拟用户实际使用情景的测试）数据信息

对功能执行概率进行计算。具体算法如下：

假设共有 m 组使用测试数据，机载软件共有 s 项功能模块。每组数据中均记录各功能的执行时间信息。假定第 i 组数据下，第 j 项功能所对应的执行时间为 k_{ij}，则第 j 项功能在第 i 组数据下的执行概率记为 $p_{ij} = \dfrac{k_{ij}}{\sum\limits_{j=1}^{s} k_{ij}}$。显然，第 j 项功能的总执行概率即为 $fp_j = \sum\limits_{i=1}^{m} p_{ij}$。

这种方法所计算出的功能执行概率信息具有较高的可信度，因为使用测试的目的就是模拟软件实际使用的场景和方式。从工程应用的角度来讲，在具备使用测试数据的情况下，本书优先推荐使用方法二进行功能执行概率计算。

3.5.2.1.3　构建操作过程剖面

构建机载软件操作过程剖面，主要包括如下几项内容：

（1）识别操作过程剖面元素

操作过程剖面主要描述功能的操作序列集合及接口配置关系。每个操作都与一个或多个外部输入输出接口相关联，直接面向机载软件的输入取值空间，并通过接口的取值方式来描述其行为，即每个功能的操作过程剖面都是对功能执行过程的时序信息、条件约束信息以及接口取值方式进行的描述。"操作"是机载软件的最小独立任务单元，其只能由输入或输出接口变量组成，不存在子操作的概念。若在划分操作时，觉得某个操作必须由若干个操作共同描述，则应将该操作提升为功能。

需要说明的是，本书中操作过程剖面所描述的是单项功能的完整操作序列集合。在运行过程中，执行到某功能，即可认为该功能下的操作序列将得到完整的执行。因此，在操作过程剖面中，将不重视对单个操作的发生概率进行描述，而着重描述操作之间的时序关系和取值方式。

（2）构建操作过程剖面

操作过程剖面的构造过程描述如下。

步骤一：确定输入接口集合。依据需求文档，从外部输入接口集合中选取与该功能相关的输入接口数据。

步骤二：确定输出接口集合。依据需求文档，从外部输出接口集合中选取与该功能相关的输出接口数据。

步骤三：确定操作集合。依据需求文档中的功能处理逻辑，明确各项操作信息，即明确功能对各项输入输出接口的不同处理方式。

步骤四：确定判定节点和迁移路径。依据需求文档中的功能处理逻辑，明确各项判定节点的内容，进而明确各操作之间的迁移路径。

步骤五：检查是否所有软件功能都已经 100% 地构建相应的操作过程剖面。若"是"则结束构建过程，若"否"则重复上述步骤。

3.5.2.1.4　构建输入分布剖面

输入变量是操作的实现形式，操作与一个或多个输入变量相关联。对操作所属输入变量集的一次取值就实现操作的一次运行，因此输入变量的描述直接影响着测试用例的生成。机载软件的输入变量描述并不是简单的输入域划分，输入变量的取值可能受到多种因素的影响，例如，时间因素、约束条件、变量类型等。传统剖面技术对于输入变量的描述十分简单，无法满足机载软件可靠性测试的要求。因此，本书将结合机载软件特点，针对输入变量的分布描述进行剖面构建，主要包括如下几项内容：

（1）输入变量分类与赋值

根据变量赋值的连续程度，输入变量可以分为连续型输入变量（操作输入变量的赋值是连续的、不间断的）和离散型输入变量（操作输入变量的赋值是可数的、离散的）。

在机载软件可靠性测试过程中，离散型输入变量通常描述的是针对被测系统的控制命令输入或开关型命令输入；而连续型输入变量则通常描述的是一些模拟信号（时间的函数）的连续输入。根据变量的赋值形式，变量又可以分为：布尔型、整型、浮点型、枚举型、字符型以及文字描述型（这种操作输入可能是一次人为动作，如按压键钮）等。

其中，离散型输入变量根据某种抽取原则（全值域均匀抽取、分值域条件抽取等）在赋值域内抽取实现变量赋值。而连续型输入变量则可以通过时间（或其他连续自变量）的函数或分布密度函数等形式来对当前时间点的变量进行赋值。

（2）输入变量建立原则

对于机载软件来说，输入变量有如下两种常见建立原则：

原则一：根据被测系统的接口关系建立输入变量。

根据被测系统的接口关系建立输入变量，可以使建立的输入变量与被测系统的接口关系直接对应。建立过程直观，生成测试数据时也只需将输入变量中的数据成员组织成需要的格式。这种输入变量建立方式比较适用于一些数字式的接口，可以从它们的数据帧的格式中直接获得输入变量数据成员的信息。

原则二：根据时间逻辑关系进行建立。

根据时间逻辑关系建立输入变量主要是利用面向对象的思想，从输入时间和逻辑关系的角度将输入变量作进一步的封装，以便于表达和组织，其形式与根据被测系统的接口关系建立的输入变量类似。此种原则比较适用于模拟输入量和彼此不是很相关的一些离散输入量。对于模拟输入量，其将时间上一致的模拟量封装成同一个输入变量类型。主要步骤如下：

①将输入变量进行分类，划分为连续型和离散型输入。

②连续型输入变量如果具有相同的输入时间，并且有着相同或倍数关系的采样周期，则可以将它们归为一个输入变量类型，反之则不行。

③离散型输入变量通常代表的是开关量或控制命令，不需要强调时间上的一致性，所以封装过程较为简单，可以根据实际需要进行。

3.5.2.2 基于运行剖面的软件可靠性测试用例设计

3.5.2.2.1 运行剖面统计抽取方案

逐层构建机载软件运行剖面之后，可针对运行剖面顺序进行统计抽取，进而生成所需要的软件可靠性测试用例。运行剖面逐层统计抽取的步骤如下所示：

（1）任务场景剖面抽取

针对任务场景模式剖面，从剖面起点出发，针对各项任务场景的转移概率，产生一个随机数 η，$\eta \in (0, 1)$。观察 η 落在某个任务场景的概率区间，即为本次随机抽取到的任务场景。抽取到一个任务场景后，进入该任务场景下的功能转移剖面，进行功能抽取。

（2）功能转移剖面抽取

在功能转移剖面中，从起点出发，依据功能之间的转移关系依次抽取单个或多个功能。如存在着概率转移，则依据任务场景剖面抽取原则对功能进行抽取。抽取到一个功能后，进入该功能的操作过程剖面，进行功能操作抽取。

（3）操作过程剖面抽取

在操作过程剖面中，从起点出发，依据操作之间的转移关系依次抽取单个或多个操作。如存在概率转移，则依据任务场景剖面抽取原则进行操作抽取。抽取到一个操作后，则进入该操作的输入分布剖面，开始对该操作的输入变量进行赋值抽取。

3.5.2.2.2　软件可靠性测试用例设计

在上述运行剖面统计抽取方案的基础上，按照如下方式进行软件可靠性测试用例设计：

（1）输入变量赋值

假设操作的一个变量是一个整数值，值域为 0 ~ 360。若设定该变量在值域内的抽取是均匀的，则依据均匀分布在 0 ~ 360 之间产生一个随机数作为此次变量的赋值。相应地，若变量在值域内的抽取有特定要求，则依据特定的分布规律在 0 ~ 360 之间产生一个随机数作为此次变量的赋值。特别地，若变量的可选值域为多个，则需要对值域进行抽取后，再在抽取到的值域内进行赋值抽取。至此，经过层层抽取，一个操作的运行实例已经产生，但还不能认为已经产生了一个测试用例，该运行实例可能只是一个测试用例的子集。

从操作变量的赋值值域内返回到变量层，若一个操作中有多个变量需要同时赋值，则还需要依次对每个变量进行变量赋值抽取，直到一个操作所有需要赋值的变量都赋值完毕。

（2）基于抽取方案的用例设计

对操作过程剖面中的一个操作中的变量赋值完毕后，重新返回到操作过程剖面，依据操作过程剖面中操作之间的转移关系依次对已赋值操作之后所有可能执行的操作进行抽取，并进行相应的变量赋值，直至到达操作过程剖面的结束标志，则该功能下的操作过程剖面抽取及输入分布剖面抽取过程结束。

对功能转移剖面中的一个功能中的操作及其变量抽取并赋值完毕后，重新返回到功能转移剖面。依据功能转移剖面中功能之间的转移关系依次对已选取功能之后所有可能执行的功能进行抽取，并进行相应的操作抽取和输入变量赋值，直至功能转移剖面的结束标志，则该任务场景下的功能转移剖面抽取结束。

一般情况下，任务场景剖面内的各个任务场景都是独立的，因此，一个任务场景下的功能转移剖面抽取结束后，一个测试用例也就生成了。可以看出，一个可靠性测试用例实际上是由若干功能及其操作的实例化（即操作变量的输入变量赋值抽取）顺序组成的集合。反复执行上述步骤，直至产生的测试用例个数满足可靠性测试停止要求（例如，当前软件可靠性指标评估值已经满足指标要求，即可停止；或者测试用例个数满足验证测试方案中要求的个数，即可停止），则测试用例生成工作结束。

3.5.3　基于任务剖面的机载软件可靠性测试

3.5.3.1　软件任务剖面与任务模型构建

3.5.3.1.1　软件任务与功能清单构建

依据系统需求以及软件需求，形成软件所完成的各项任务与功能清单，为软件可靠性测试用例设计、可靠性指标评估等提供对象依据。

首先，依据系统需求，确定软件负责或参与完成的各项任务名称，形成软件任务清单。示例如表 3–61 所示。

表 3–61　软件任务清单示例

任务序号	任务名称
1	上电设备检测任务
2	X 型数据接收处理任务
3	Y 型数据转发任务
4	Z 型数据接收存储任务
5	数据统计分析任务

然后，依据软件需求，明确为完成每项任务所需的软件功能，形成软件功能清单。示例如表 3–62 所示。

表 3–62　软件功能清单示例

序号	任务名称	功能名称
1	上电设备检测任务	设备上电自检测
2		检测结果上报
3	X 型数据接收处理任务	数据实时采集
4		特征提取
5		…
6	Y 型数据转发任务	数据解析
7		数据实时采集
8		…
9	Z 型数据接收存储任务	数据实时采集
10		数据解析
11		…
12	数据统计分析任务	数据分布统计
13		…

3.5.3.1.2　软件任务剖面构建

依据软件任务清单，构建软件的任务剖面，确定各项任务执行时间占系统全部运行时间的比例。确定任务执行时间比例的方法主要有专家经验法和数据统计法两种。

专家经验法是依据系统用户、领域专家的知识经验，确定任务执行时间比例。而数据统计法则是根据系统历史运行时间数据，对各项任务执行时间进行统计，经过计算确定任务执行时间比例。

任务剖面构建示例如表 3-63 所示。

表 3-63　软件任务剖面示例

任务序号	任务名称	任务时间比例（百分比）
1	上电设备检测任务	5%
2	X 型数据接收处理任务	40%
3	Y 型数据转发任务	20%
4	Z 型数据接收存储任务	20%
5	数据统计分析任务	15%

3.5.3.1.3　软件任务模型构建

依据软件任务剖面与功能清单，构建任务剖面下的任务模型。需针对每项任务，分别描述该任务下各项软件功能的执行序列与转移关系。功能执行序列与转移关系即可由系统和软件研制人员经验知识来确定，也可根据系统测试验证数据或者系统外场使用数据来确定。

软件任务模型构建示例如图 3-12 所示。

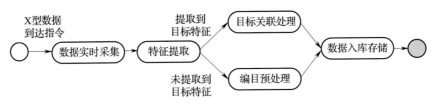

图 3-12　软件任务模型构建示例

由图 3-12 可知，任务模型是由多项软件功能之间的转移序列（即任务路径）组成的集合，即每个任务模型都可以抽取为一条或多条由多个功能组成的任务路径。

3.5.3.1.4　软件操作剖面构建

为了实现基于任务剖面的可靠性测试用例设计，还需要在抽取到的任务路径基础上，针对任务路径上每项功能，将其细化为相应的操作剖面。"操作"是软件功能项需求中的最小单位，其不可以再继续进行分解。针对操作剖面的构建可分为两个部分，第一部分是操作流程剖面，第二部分则是接口赋值剖面。

（1）操作流程剖面构建

构建操作流程剖面，即明确每项功能中的操作执行流程，包括每个操作名称、操作执行顺序、操作时序约束等信息。

（2）接口赋值剖面构建

构建接口赋值剖面，"操作"只与软件外部输入输出接口的数据取值空间相关联，即"操作"是由一个或多个外部接口数据，按照赋值规则和"取值空间"对接口数据进行赋值，并按照一定次序组织在一起。所以，接口赋值剖面需要明确每个操作的相关接口数据、接口数据的取值空间（包括正常取值空间、异常取值空间、边界取值空间等）、接口数据的赋值策略（包括正常等价类抽取、异常数据设计、边界数据设计等）。

3.5.3.2 基于任务剖面的软件可靠性测试用例设计

3.5.3.2.1 基于任务剖面的任务路径抽取

在所构建的任务剖面基础上，进行任务路径抽取，为测试用例设计做准备。具体过程如下：

（1）基于任务模型的任务路径抽取

任务模型是由多项软件功能之间的转移序列（即任务路径）组成的集合，即依据任务模型中各项功能之间的转移关系，可以抽取为一条或多条任务路径，每条任务路径都由一项或多项功能组成。基于任务剖面的任务路径抽取示例如表 3-64 所示。

表 3-64　基于任务剖面的任务路径抽取

序号	任务模型	任务路径集合
1	X 型数据接收处理任务模型	路径 1：数据实时采集 -> 特征提取 -> 目标关联处理 -> 数据入库存储 路径 2：数据实时采集 -> 特征提取 -> 编目预处理 -> 数据入库存储

（2）基于操作剖面的任务路径细化

抽取到任务路径之后，还需要结合每项功能的操作剖面，对每项任务路径继续进行细化抽取，即针对任务路径中的每项功能，依据功能的操作流程剖面，抽取操作之间的转移路径，从而将任务路径细化为一条或多条由一项或多项操作组成的集合。

例如，针对"X 型数据接收处理任务模型"中的路径 1"数据实时采集 -> 特征提取 -> 目标关联处理 -> 数据入库存储"，还可以细化为路径 11"数据采集 -> 数据滤波 -> 数据存入缓存 -> 特征识别 -> 特征提取 -> 目标识别 -> 目标关联 -> 数据入库审批 -> 数据存储"，路径 11 中的每项元素都是功能中的操作。

3.5.3.2.2 基于任务剖面的可靠性测试用例设计

基于上述任务路径抽取方法，将任务剖面以及任务模型抽取到一条或多条由一项或多项操作组成的任务路径后，还需要结合操作剖面中的"接口赋值剖面"，采用路径覆盖与输入空间覆盖的组合设计准则，从任务路径抽取以及异常空间赋值两个角度，实现基于任务剖面的可靠性测试用例设计。

（1）任务剖面的任务路径抽取

首先，依据任务模型中功能节点之间的转移关系，遍历抽取由功能组成的任务路径。然后，依据每项功能的操作流程剖面中各项操作节点之间的转移关系，进一步遍历抽取由操作组成的细化任务路径，形成对软件任务剖面及其任务模型的充分覆盖。

其次，需要依据任务剖面中各项任务的时间比例，确定不同任务模型下任务路径的抽取数量。可将时间比例最低的任务作为基数任务，即针对该任务模型下的任务路径全部抽取 1 次，其余任务按照与基数任务的时间比例，确定其任务模型下的任务路径抽取次数。例如，基数任务的全部路径抽取了 1 次，若某个任务的时间比例是基数任务的 S 倍，则该任务的全部路径就需要抽取 S 次。

（2）基于正常空间赋值的可靠性测试用例设计

针对每条任务路径上的所有操作节点及其接口数据，从"正常等价类"等角度，对操作中各项接口数据的取值空间进行随机抽取，抽取到的正常值作为软件可靠性测试用例的输入或者约束条件，实现基于正常空间赋值的可靠性测试用例设计。

（3）基于异常空间赋值的可靠性测试用例设计

为了提升可靠性测试的揭错效率，除了需要覆盖软件任务剖面中所有任务路径中的正常和边界取值空间外，还需要考虑从异常空间赋值的角度进行测试用例设计，即针对每条任务路径上的所有操作节点及其接口数据，从"异常等价类""边界值"等角度，对操作中各项接口数据的取值空间进行随机抽取，抽取到的异常值或者边界值作为软件可靠性测试用例的输入或者约束条件，实现基于异常空间赋值的可靠性测试用例设计。

3.5.4　基于失效模式的机载软件可靠性测试

3.5.4.1　基于失效模式的机载软件可靠性测试过程

基于失效模式的机载软件可靠性测试的核心原理在于，如何依据机载软件失效模式数据（包括软件功能、失效原因、失效模式、失效模式影响、安全性/可靠性需求等），确定软件可靠性测试用例内容（包括输入、约束条件、预期输出、通过准则等）。

基于失效模式的机载软件可靠性测试过程如图 3-13 所示。

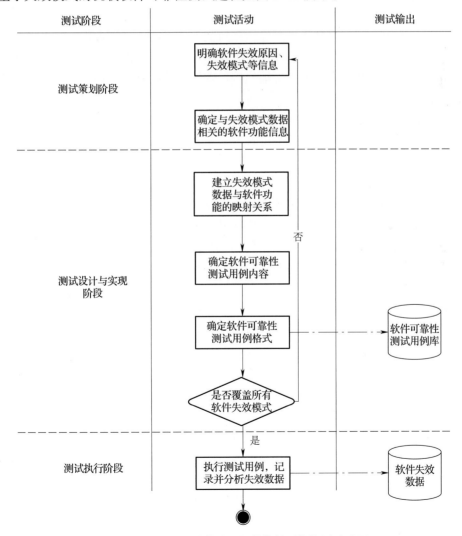

图 3-13　基于失效模式的机载软件可靠性测试过程

依据图 3-13，基于失效模式的机载软件可靠性测试工作主要包括如下步骤：

（1）测试策划阶段

步骤 1：明确软件失效模式信息。

针对软件失效模式数据进行整理与归纳，确保每条软件失效模式数据都分为"失效原因""失效模式""失效模式影响""安全性 / 可靠性需求"等内容。

步骤 2：确定与失效模式数据相关的软件功能信息。

①依据软件需求，明确与失效模式数据相关的软件功能项，确保每条失效模式数据都有相对应的一项或多项软件功能信息。

②明确软件功能项的"外部输入接口数据""功能处理过程""外部输出接口数据"等信息。

（2）测试设计与实现阶段

步骤 3：建立失效模式数据与软件功能的映射关系。

将软件失效模式数据要素信息与软件功能的外部输入接口、功能处理过程以及外部输出接口建立映射关系：

①将"失效原因"映射至功能外部输入接口数据或者功能处理过程，并明确外部输入接口数据的取值空间与取值等价类，以及功能处理过程的执行逻辑与约束条件等信息。

②将"失效模式"映射至功能外部输出接口数据，并明确外部输入接口数据的取值空间与取值等价类。

步骤 4：依据失效模式数据，确定软件可靠性测试用例内容。

基于软件失效模式数据与软件功能的映射关系，确定软件可靠性测试用例输入、约束条件、输出以及通过准则等信息：

①确定测试用例输入

a. 依据软件"失效原因"，明确相应外部输入接口数据的取值规则。依据取值规则，选取确定数值或者等价类数值作为可靠性测试用例输入内容。

b. 若一条"失效原因"对应多个外部输入接口数据，则应对每个输入接口数据均进行取值抽取，共同确定测试用例内容。

②确定测试用例约束条件

a. 依据软件"失效原因"，选取相应功能的执行逻辑、约束条件、工作状态、运行场景、外部环境等信息，作为可靠性测试用例执行的约束条件。

b. 若一条"失效原因"对应多项功能，则应对每项功能均选取相关执行逻辑与约束条件，共同确定测试用例的约束条件。

③确定测试用例预期输出与通过准则

a. 依据软件"安全性 / 可靠性需求"和"失效模式"，明确相应外部输出接口数据的取值规则，进而依据取值规则，选取确定数值或者等价类数值作为可靠性测试用例的预期输出。软件可靠性测试用例预期输出应与"安全性 / 可靠性需求"相一致，即失效模式不发生或者得到有效控制。

b. 依据软件"失效模式影响"与"用例预期输出"，确定测试用例执行通过准则。一般来说，软件可靠性测试用例执行通过准则应与"预期输出"完全一致。但若"失效模式影响"等级较低（影响轻微或无影响），则通过准则也可适当放松。

步骤 5：确定软件可靠性测试用例格式。

①依据软件外部交联环境信息，明确与软件失效原因具有映射关系的外部输入接口数据类型（例如，离散量、模拟量、频率量、RS 422 总线数据、CAN 总线数据等）。

②依据外部输入输出接口类型及外部接口控制文件（interface control document，ICD），确定每项外部输入接口数据的通信格式。

③依据外部输入接口数据的通信格式和取值内容，拼装成可执行的软件可靠性测试用例执行文件。

④需要说明的是，要确保基于失效模式生成的可靠性测试用例在测试环境中都是可执行的。若无法执行，则需要说明原因并给出解决方案。

步骤 6：反复执行步骤 1 ~ 步骤 5 的内容，确认是否软件失效模式数据已 100% 生成相应的可靠性测试用例数据。若"是"，则执行步骤 7；若"否"，重复执行步骤 1 ~ 步骤 5。

（3）测试执行阶段

步骤 7：执行测试用例，记录并分析软件失效数据。

在所构建的软件可靠性测试环境中，施加所生成的软件可靠性测试用例文件。记录并分析可靠性测试用例过程中的失效数据，验证失效模式是否均得到有效消除或控制。基于失效模式的软件可靠性测试的注意事项有：

①在执行测试之前，要确保软件失效模式分析的充分性，即针对所有功能项、外部接口、工作状态等需求开展过失效模式分析。

②每个失效原因都必须映射至软件输入接口或功能处理过程上，确保可以依据软件原因生成可执行的可靠性测试用例。

③若某项失效模式数据具有多个失效原因，则需要针对不同的失效原因分别设计软件可靠性测试用例。

④若在测试过程中发现新的软件失效（即软件可靠性分析过程中未识别的失效），则需对该失效进行相关性分析，并重新围绕与该失效相关的功能重新开展软件可靠性分析工作。

⑤若测试过程中出现已经识别的软件失效模式，表明软件未能有效地控制或消除该失效模式，则需要记录该软件失效信息并提出新的控制措施，并确保新的控制措施不会引入新失效。

⑥用例应 100% 覆盖软件可靠性分析过程中识别的失效模式数据。

⑦软件可靠性测试用例均应 100% 得到执行。若测试用例无法执行，则应说明情况，并提出相应的处理措施。

3.5.4.2　基于失效模式的机载软件可靠性测试用例设计

机载软件可靠性测试用例设计主要包括失效模式与软件功能的映射建立和基于失效模式的软件可靠性测试用例设计两部分内容。

3.5.4.2.1　失效模式与软件功能的映射建立

每个软件失效模式都对应一项功能。依据软件功能信息一方面可确定失效模式数据是否充分覆盖所有功能项；另一方面，还可依据功能来确定与该失效模式数据相关联的外部输入输出接口数据信息。因此，软件功能是依据失效模式进行软件可靠性测试用例设计的基础。对失效模式数据（失效原因与失效模式）与软件功能的映射关系说明如下：

（1）软件失效原因与功能的映射关系

软件失效原因可确定两方面内容：一方面是确定激发失效模式的软件外部输入接口数据；另一方面是确定激发失效模式的约束条件。因此，软件失效原因可与软件功能的外部输入接口数据、功能执行过程建立映射关系：

①依据软件失效原因，确定相关的外部输入接口数据，并明确外部输入接口数据的取值空间与取值规则。

②依据软件失效原因，确定相关的功能执行逻辑、约束条件、工作状态、运行场景、外部环境等信息。

（2）软件失效模式与功能的映射关系

软件失效模式表示当失效原因满足时，软件输出的异常表现行为。因此，软件失效模式可与软件功能的外部输出接口数据建立映射关系：

①依据软件失效模式，确定相关的外部输出接口数据，并明确外部输出接口数据的取值空间与取值规则。

②若某些失效模式数据涉及多项功能的组合，则此类失效模式的原因需分别映射至不同功能的外部输入接口和处理过程，失效模式则需要分别映射至不同功能的外部输出接口。

3.5.4.2.2　基于失效模式的软件可靠性测试用例设计

建立软件失效模式与软件功能之间的映射关系后，即可依据软件失效模式数据（失效原因、失效模式、失效模式影响、安全性可靠性需求），确定软件可靠性测试用例内容（包括输入、约束条件、预期输出、通过准则等）。说明如下：

（1）基于软件失效原因确定用例输入以及约束条件

软件失效原因可确定两方面内容：一方面是确定激发失效模式的软件外部输入接口数据；另一方面是确定激发失效模式的约束条件。因此，可依据失效原因确定软件可靠性测试用例的输入以及约束条件：

①依据软件失效原因，确定相关功能的输入接口数据与取值规则。依据取值规则，确定输入接口数据取值，作为软件可靠性测试用例的输入内容。

②依据软件失效原因，确定相关功能的执行逻辑、约束条件、工作状态、运行场景、外部环境等信息，作为软件可靠性测试用例的约束条件。

③此外，软件失效原因还可以帮助研制人员对测试过程中的软件失效进行故障定位，从而迅速排除或控制该软件失效。

（2）依据软件失效模式与安全性可靠性需求，确定用例预期输出

软件失效模式表示当失效原因满足时，软件输出的异常表现行为。其一般与软件外部输出接口相关联。而软件安全性可靠性需求是为了控制或消除软件失效模式而制定的控制措施。因此，应结合失效模式与安全性可靠性需求来共同确定测试用例的预期输出。

即若软件安全性可靠性需求已得到有效落实，则软件可靠性测试用例的预期输出应为：在测试环境中施加软件失效原因后，软件不出现相应的失效模式或者失效模式得到有效控制。

（3）依据软件失效模式影响确定测试用例通过准则

依据软件失效模式影响情况，可确定在软件可靠性测试用例执行过程中，出现相应失

效所导致的事故或危险，可支撑测试人员评估该失效所可能带来的风险或后果，并决定是否对该失效模式采取相应的控制措施。因此，可依据软件失效模式影响确定软件可靠性测试用例的通过准则：

①若失效模式影响严重等级较高，则可靠性测试用例的通过准则应非常严格，例如，测试用例执行结果应与预期输出完全一致。

②若失效模式影响严重等级较低或无影响，则可靠性测试用例的通过准则可适当放松。即使测试用例执行结果与预期输出有所差别，但影响极为轻微，此时也可根据实际情况判定用例执行通过。

③需要说明的是，若一条失效模式数据具有多条失效原因，则需要依据每条失效原因分别设计多条测试用例。

3.5.5　软件可靠性测试方法适用性说明

在本书中，共介绍了三类软件可靠性测试方法。这三种测试方法各有侧重，适用性分析如下。

（1）若软件质量人员希望在有限的时间和资源下，能充分模拟软件运行中的外部异常激励和复杂场景，充分验证软件失效模式得到有效控制或者消除，提升软件测试的揭错效率，此时本书推荐优先选用基于失效模式的测试方法。

（2）若软件质量人员希望对软件可靠性指标有定量了解，并验证当前机载软件可靠性水平是否满足系统分配的指标要求，则本书优先推荐选用基于任务剖面或者运行剖面的测试方法。对于这两种方法的适用性的进一步分析如表 3-65 所示。

表 3-65　软件可靠性测试方法适用性分析

序号	测试方法	适用性说明
1	基于任务剖面的可靠性测试方法	（1）如果软件可靠性定量指标中只有任务可靠度，则优先推荐基于任务剖面的软件可靠性测试方法。 （2）如果软件可靠性定量指标中既有任务可靠度又有 MTBF，项目进度紧张且对 MTBF 评估准确度要求不高，则优先推荐基于任务剖面的软件可靠性测试方法
2	基于运行剖面的可靠性测试方法	（1）如果软件可靠性定量指标中只有 MTBF，则优先推荐基于运行剖面的软件可靠性测试方法。 （2）如果软件可靠性定量指标中既有任务可靠度又有 MTBF，项目进度宽松且对 MTBF 评估精确度要求较高时，则优先推荐基于运行剖面的软件可靠性测试方法

3.5.6　测试环境构建与数据记录

首先，应构建机载软件可靠性测试环境。应尽可能构建目标机环境及真实输入、输出设备交联环境。如果不能提供真实测试环境，应提供具备高度仿真能力的测试环境替代，并且替代环境应得到确认。考虑到机载软件的特点，软件可靠性测试环境应满足如下要求。

（1）满足实时性要求：机载软件通常具有较强的实时性要求。因此，可靠性测试环境必须满足软件激励的实时性要求。

（2）交联环境真实/仿真：机载软件多数是在特定的硬件环境下运行的，因此可靠性测试时，机载软件运行在目标机上，交联的测试环境应与真实使用环境逻辑相同。由于真实交联系统造价昂贵，或者由于软件失效引起的后果严重或某些测试激励在真实环境中无法施加，因此很多情况下要对外部交联设备进行仿真，即开发仿真测试环境进行测试。

（3）可施加输入：可靠性测试环境应当具有施加满足接口规范的测试数据的能力，且最好能够对实时生成的可靠性测试用例进行记录。

（4）可显示和记录输出：由于要将可靠性测试结果与预期结果相比较，所以可靠性测试环境最好能进行测试结果的显示和记录。

以上为对可靠性测试环境的基本要求。由于软件可靠性测试时间较长、测试设计与执行的工作量较大，因此应尽量采用自动化的仿真测试环境，包括测试数据生成、测试脚本生成、测试运行和测试结果分析等工作的自动化。

其次，将软件可靠性测试用例在测试环境中执行，并进行数据记录，包括：

（1）应对所有软件可靠性测试用例的执行情况进行记录，分析是否与预期输出相偏离，从而识别测试过程中的失效数据，并记录失效数据发生的时间信息（包括失效间隔时间或者失效累积时间等）。

（2）应执行所有的软件可靠性测试用例。若有测试用例无法执行，则需说明原因并给出其他验证方式（如代码审查）。

3.6　机载软件可靠性指标定量评估

3.6.1　机载软件可靠性指标体系建立

机载软件通常具有持续运行时间较长、多种典型任务场景等特点，参考本书的第 3.3 小节，从持续稳定运行、任务完成情况等角度，构建机载软件可靠性指标体系，包括基本可靠性指标以及任务可靠性指标，如表 3-66 所示。

表 3-66　机载软件可靠性指标体系

序号	指标名称	指标定义	指标类型
1	平均失效间隔时间（MTBF）	从当前失效开始计时到下一次失效发生，两个失效之间的时间均值	基本可靠性指标
2	任务可靠度（R）	软件产品在规定的任务剖面内，完成规定功能的成功概率	任务可靠性指标

3.6.2　基于任务剖面的机载软件任务可靠性指标评估

3.6.2.1　任务可靠度评估

依据基于任务剖面的软件可靠性测试过程中收集到的用例执行数据，实现任务可靠度 R 的定量评估。用例执行数据如表 3-67 所示。

表 3-67　基于任务剖面的软件可靠性测试用例执行数据记录

用例标识	执行情况
TC-1	通过 / 不通过
TC-2	通过 / 不通过
TC-3	通过 / 不通过
…	…
TC-n	通过 / 不通过

面向任务可靠度的软件可靠性评估模型包括如下两部分内容：

（1）软件任务可靠性指标定量评估公式

任务可靠度 R 的定量评估方法为

$$R=\mathrm{TS}/T \times 100\% \tag{3-54}$$

式中：T——基于任务剖面的软件可靠性测试用例数量；

　　TS——在可靠性测试过程中成功执行（即执行情况为"通过"）的软件可靠性测试用例数。

（2）考虑取值空间赋值比例的软件可靠性指标定量评估

一般情况下，依据"正常空间"对接口数据进行赋值的比例要高于"异常空间"。在进行基于任务剖面的可靠性测试用例设计和执行时，为了提高揭错覆盖率，人为地提升了"异常空间"的赋值比例。因此，本书提出依据"正常空间"与"异常空间"的赋值比例，确定基于"正常空间"赋值的用例抽取数量以及基于"异常空间"赋值的用例抽取数量，以此还原软件运行时的实际使用情况。即在确定 TS 数量时，需要将基于"正常空间"设计的可靠性测试用例数量依据"正常空间"与"异常空间"的赋值比例进行等比例放大，从而确保软件可靠性指标定量评估的准确性。

例如，在测试用例执行过程中，依据"正常空间"设计的可靠性测试用例数量为 TK，依据"异常空间"设计的可靠性测试用例数量为 TF，"正常空间"与"异常空间"的赋值比例为 W，则此时 $T=W \times \mathrm{TK}+\mathrm{TF}$。同样地，依据"正常空间"设计且成功执行的可靠性测试用例数量为 TSK，依据"异常空间"设计且成功执行的可靠性测试用例数量为 TSF，"正常空间"与"异常空间"的赋值比例为 W，则 $\mathrm{TS}=W \times \mathrm{TSK}+\mathrm{TSF}$。

3.6.2.2　基于任务可靠度的 MTBF 近似评估

理论上，基于任务剖面的软件可靠性测试适用于任务可靠度 R 的定量评估，而无法直接应用于 MTBF 的定量评估。此时，可借助式（3-55），实现对 MTBF 的间接近似评估，即

$$\mathrm{MTBF}=-T/(\ln R) \tag{3-55}$$

式中：T——系统连续最长运行任务时间。

3.6.3　基于运行剖面的机载软件基本可靠性指标评估

3.6.3.1　软件失效数据记录

在软件可靠性测试过程中，需要对失效间隔时间、失效累计时间等失效数据进行记录，为软件可靠性指标定量评估提供输入。软件可靠性测试过程中的失效数据可分为完全

失效数据和不完全失效数据两类。其数学定义是：

定义 1：数据集合 $\{y(i)|y(0)=0, i=1, 2, \cdots, n\}$ 可称为完全失效数据，如果 $\forall i(i\in\{1, 2, \cdots, n\}\rightarrow y(i)-y(i-1)=1)$，其中 $y(i)$ 是直到时间 $t(i)$ 时的累计失效数。

定义 2：数据集合 $\{y(i)|y(0)=0, i=1, 2, \cdots, p\}$ 可称为不完全失效数据，如果 $\forall i(i\in\{1, 2, \cdots, p\}\rightarrow y(i)-y(i-1)>1)$。

进一步地，完全失效数据包括：

（1）失效累计时间，即失效发生时间 $t(i)$。

（2）失效间隔时间，即相邻两个失效之间的时间间隔 $t'(i)$。显然，$t'(i)=t(i)-t(i-1)$。

不完全失效数据包括：

（1）间隔时间内的失效个数，即在等时间间隔或者非等时间间隔内失效发生的个数。

（2）累计时间内的失效个数。

对于软件失效数据，还有一个重要的概念，即失效时间的记录形式。在软件可靠性定量评估工作中，一般可以将失效时间的记录形式分为三类：

（1）程序执行时间：处理机实际用于执行程序指令的时间。

（2）日历时间：日常生活中所用的时间。

（3）时钟时间：程序在计算机上运行时，从始至终所经历的时间。

有研究认为，程序执行时间才是唯一有效的测量。但是根据实际的工作经验，对于软件运行时间的测量，并不一定非执行时间不可。执行时间一般要由操作系统给出，增加了失效数据收集的成本和难度。而日历时间在失效数据收集过程中，以及软件可靠性评估过程中，具有较好的灵活性与有效性。因此，本书建议在软件可靠性测试以及定量评估过程中，优先采用日历时间进行记录。

总的来说，失效数据采集记录可分为如下几部分内容：

（1）建立目标。失效采集目的必须一开始就明确，因为采集目的不同，所采用的分析方法及所要收集的数据类型是不同的。

（2）为数据采集过程制订一个完整可行的计划。提供数据采集用的记录文档或工具。

（3）如果在采集过程中使用自动化工具，则工具的可用性、成熟度以及实用性都必须经过确认与验证。

（4）对测试人员进行失效数据收集培训，明确要收集什么样的时间数据，并学会使用数据收集工具。

（5）对整个数据采集过程进行监控，以保证所收集到的失效数据是有价值的。

完全失效数据的采集记录表格如表 3-68 所示。

表 3-68　完全失效数据记录

失效序号	失效时间	失效间隔 / 累计失效时间
1		
2		
...		
N		

表 3-68 中，失效序号是每个失效的唯一标识；失效时间是记录失效发生的时刻；失效间隔是距离上一次失效的时间间隔；累计失效时间是从测试开始到该次失效发生的累计时间。

不完全失效数据的采集记录表格如表 3-69 所示。

表 3-69　不完全失效数据记录

测试区间号	测试区间长度	失效数 / 累计失效数
1		
2		
...		
N		

表 3-69 中，测试区间长度是指被测软件在进行本次测试时运行的时间；失效数是指在测试区间内发生失效的数目；累计失效数是从测试开始到该测试区间结束所发生失效的总和。

3.6.3.2　软件可靠性增长趋势分析

可依据可靠性测试过程中记录的失效数据，对软件可靠性的增长趋势进行分析计算，从而为后续的软件可靠性模型选取提供依据。本书介绍基于拉普拉斯法的软件可靠性增长趋势分析方法如下：

当失效数据为失效时间数据时，设 θ_j，$j=1$，2，$\cdots$，L 为随机变量 T_j 的一个实现，可按式（3-56）对每一个失效 i 计算其拉普拉斯因子 $u(i)$

$$u(i) = \frac{\frac{1}{i-1}\sum_{n=1}^{i-1}\sum_{j=1}^{n}\theta_j - \frac{1}{2}\sum_{j=1}^{i}\theta_j}{\sum_{j=1}^{i}\theta_j\sqrt{\frac{1}{12(i-1)}}} \qquad (3-56)$$

当失效数据为失效计数数据时，设 $N(k)$ 为第 k 个时间单位（含）前的累计失效数，可按式（3-57）对每一个时间单位计算其拉普拉斯因子 $u(k)$

$$u(k) = \frac{\sum_{i=1}^{k}N(i) - \frac{k+1}{2}N(k)}{\sqrt{\frac{k^2-1}{12}N(k)}} \qquad (3-57)$$

理论上，当计算出失效数据在每一点（i 或 k）上的拉普拉斯因子 u 后，就可以判断软件可靠性随时间的增长趋势。可靠性增长趋势共有四种类型：增长、先减后增、稳定以及下降。但在实际应用中，还需要考虑正态分布下的显著性水平。例如，当显著性水平取 5% 时，对所有的 k：

（1）若 $|u(k)|<1.96$，认为可靠性增长趋势为"稳定"。

（2）若（1）不满足，则当 $|u(k)|<1.645$ 时，认为可靠性增长趋势为"增长"。

（3）若（1）不满足，则当 $|u(k)|>-1.645$ 时，认为可靠性增长趋势为"下降"。

（4）若上述条件都不满足，则认为可靠性增长趋势为"先减后增"。

3.6.3.3　软件可靠性模型介绍与参数估计

3.6.3.3.1　软件可靠性模型介绍与分类

软件可靠性模型通常作为一种随机过程模型提出，其与失效时间的概率分布，或者经历的失效数随时间变化的随机过程相关。

一个软件可靠性模型通常（但不是绝对）由以下几个部分组成：

（1）模型假设：通常情况下，软件可靠性模型总是会包含若干与软件失效过程相符合的假设。模型假设是影响模型评估精确度以及模型适用性的主要因素。模型假设越能够准确描述实际的失效出现规律，则模型的评估与预计能力越好。

（2）模型参数：通常情况下，软件可靠性模型均包含 2 个甚至 2 个以上的模型参数。必须先利用某种参数估计方法根据失效数据获得模型参数的估计值。常见的参数估计方法有最大似然估计法（maximum likelihood estimation，MLE）以及最小二乘估计法（least squares estimation，LSE）等，可见 3.6.3.3.2 小节。

（3）输出指标：软件可靠性模型的输出结果，即失效率、MTBF、可靠度等可靠性指标的定量评估或者预计结果。

（4）输入数据：不同模型所需要的输入数据类型也不尽相同。通常情况下，失效数据通常有失效间隔时间数据（i，t_i'）、累计失效时间数据（i，t_i）以及累计失效计数数据（t_i，m_i）等不同记录形式。具体可参见本书的 3.6.3.1 小节。

从 20 世纪 80 年代到现在，国内外学者已经提出了上百种软件可靠性模型。为更好地理解并使用这些模型，需要对其进行系统化分类。本书介绍一种较为常见的分类方法，如图 3-14 所示。

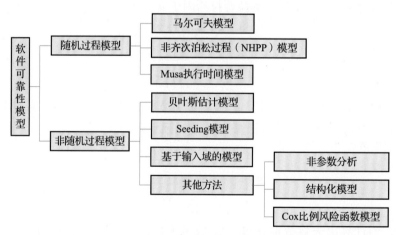

图 3-14　随机性分类法

在实际应用时，从上百种已有模型中选出最合适的，是一件工作量很大的事情。因此，本书推荐 IEEE P1633—2016、GJB/Z 161—2012 等标准中介绍的 7 种经典软件可靠性模型作为机载软件可靠性指标定量评估的重要手段，包括 JM、LV、指数、Sch、MO、S 形、Duane 模型。

限于篇幅，本书不对上述 7 种经典模型的具体假设与内容进行介绍，感兴趣的读者可参见 GJB/Z 161 标准中的附录部分。

3.6.3.3.2　软件可靠性模型参数估计方法

软件可靠性领域常用的模型参数估计方法，主要有 MLE 以及 LSE 两种。本节将分别阐述这两种方法的技术原理。

（1）最大似然估计法（MLE）

设母体 X 具有密度函数 $f(x;\theta)$，$\theta \in \Theta$，$x=(x_1,x_2,\cdots,x_n)$ 是来自 X 的一个给定子样，则似然函数

$$L(\theta,x)=\prod_{i=1}^{n}f(x_i;\theta) \tag{3-58}$$

是参数 θ 的函数。假设 $\hat{\theta}(x)$ 存在，则有

$$L(\hat{\theta}(x);x)=\sup_{\theta \in \Theta}L(\theta,x) \tag{3-59}$$

则称 $\hat{\theta}(x)$ 为参数 θ 的最大似然估计。

（2）最小二乘估计法（LSE）

假设经过某一变换，寿命分布可以改写成与未知参数的线性关系，即

$$g(R(t))=a_1l_1(t)+\cdots+a_ml_m(t) \tag{3-60}$$

其中，$a_1,a_2,\cdots,a_m$ 表示未知参数，$l_1,l_2,\cdots,l_m$ 表示已知函数，于是参数 $a_1,a_2,\cdots,a_m$ 可以通过求解下式最小值的方法进行估计，即最小二乘估计

$$Q=\sum_{i=1}^{k}[y_i-a_1l_1(t_i)-\cdots-a_ml_m(t_i)]^2 \tag{3-61}$$

其中，y_i 表示实际观测失效数据值，$i=1,\cdots,k$。

3.6.3.4　软件可靠性模型质量评价与选取

3.6.3.4.1　软件可靠性模型质量评价准则

目前还无法给出一个普遍适用于各种类型数据的普适软件可靠性。事实上，各种模型所表现出的可靠性度量准确性差异很大。换句话说，某个模型在当前失效数据集上可获得较好的结果，但在另外一组数据集上获得的结果可能较差。因此，在工程实际中，可通过各类准则来定量评价模型的拟合预测质量，进而选择最适合当前失效数据集的软件可靠性模型来开展可靠性指标的定量评估预计工作。本书将介绍若干种常见的软件可靠性模型质量评价准则，为软件可靠性模型选取策略制定提供输入。

（1）均值误差平方和（mean square error，MSE）

$$\text{MSE}=\frac{1}{n}\sum_{i=1}^{n}[m_i-m(t_i)]^2 \tag{3-62}$$

式中：m_i——真实的失效观测数据；

$m(t_i)$——模型计算出的对应 m_i 的估计值。

该准则反映了估计值与实际值之间的平均偏差。MSE 值越小，则模型拟合效果越好，也即表明模型的可靠性拟合性能越好。

（2）误差平方和（sum of square error，SSE）

$$\text{SSE}=\sum_{i=1}^{n}[m_i-m(t_i)]^2 \tag{3-63}$$

SSE 值越小，则模型拟合效果越好。

（3）回归曲线方程的相关指数（R-Square）

$$R=1-\frac{\sum_{i=1}^{n}[m(t_i)-m_i]^2}{\sum_{i=1}^{n}[m_i-m_{\text{ave}}]^2} \tag{3-64}$$

其中，m_{ave} 表示观测数据 m_i 的均值。R–Square 值越接近 1，则模型拟合效果越好。

（4）均值误差（absolute error，AE）

$$AE = \frac{1}{n} \sum_{i=1}^{n} \left| \frac{m_i - m(t_i)}{m_j} \right| \times 100 \qquad （3-65）$$

AE 值越小，则模型拟合效果越好。

（5）方根均值平方误差（root mean square error，RMSE）

$$RMSE = \left\{ \frac{1}{n} \sum_{i=1}^{n} \left[\frac{m_i - m(t_i)}{m_i} \times 100 \right]^2 \right\}^{\frac{1}{2}} \qquad （3-66）$$

RMSE 值越小，则模型拟合效果越好。

3.6.3.4.2 软件可靠性模型选取策略

针对机载软件开展可靠性测试工作之后，需要从 GJB/Z 161 标准推荐的 7 个模型（即 JM、LV、指数、Sch、MO、S 形、Duane 模型）中，选取最为合适的软件可靠性模型对其指标进行定量评估。目前，主要有如下两种模型选取策略：

（1）基于增长趋势的软件可靠性模型选取策略

可基于可靠性增长趋势分析结果，选取合适的软件可靠性模型，用于可靠性指标的定量评估，具体策略如下：

①趋势为增长：可选择 JM、LV、MO、Sch、Duane 等模型。

②趋势为先减后增：使用 S 形模型。

③趋势为稳定：使用指数模型。

④趋势为下降：此时无法进行有效的可靠性评估，应重新进行软件设计与测试。

（2）基于质量评价的软件可靠性模型选取策略

可基于可靠性模型质量评价准则，分别对预选模型的拟合效果进行量化计算，从中选择质量评价结果最优（即拟合效果最好）的软件可靠性模型，用于可靠性指标的定量评估。

3.6.3.5 基于模型的软件可靠性指标定量评估

最后，可基于所选择的软件可靠性模型，对失效数据进行处理后，实现对软件 MTBF、失效率等可靠性指标的定量评估，以验证其是否满足所分配的可靠性指标要求，并可对未来一段时间软件可靠性指标的增长趋势进行预测分析。软件可靠性指标评估预计的示意如图 3–15 所示。

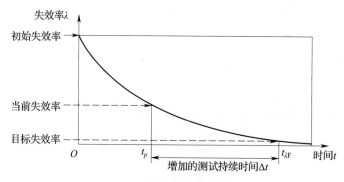

图 3–15　软件可靠性指标评估预计示意

由于不同模型对于各类软件可靠性指标的评估公式是不同的，因此本书以 GJB/Z 161 标准中的 MO 模型作为示例，来阐述基于模型的软件可靠性指标定量评估过程与结果。其余几个推荐模型对可靠性指标的评估公式可参见 GJB/Z 161 标准。

MO 模型（即对数泊松模型）的适用条件是：测试按照操作剖面执行，该剖面能够反映软件功能发生频率的不同，并且早期故障纠正对失效率的影响比后期纠正更大。在这种情况下，失效率的斜率逐渐降低。

MO 模型假设如下：

（1）软件按照与预期使用相似的方式运行。

（2）失效相互独立。

（3）失效率随执行时间呈指数递减。

根据 MO 模型假设，可以得到软件运行时间 τ 的失效率函数为

$$\lambda(\tau) = \lambda_0 e^{-\theta m(\tau)} \tag{3-67}$$

式中：$\lambda(\tau)$——软件运行时间为 τ 时的失效率；

　　　λ_0——程序初始失效率；

　　　θ——失效率衰变系数，$\theta > 0$；

　　　$m(\tau)$——软件运行时间为 τ 时的失效数均值。

将式（3-67）中的模型参数 λ_0 和 θ 重新表示为如下两个参数：$\beta_0 = \theta^{-1}$，$\beta_1 = \lambda_0 \theta$。进而可根据式（3-68）和式（3-69）得到参数 β_0 和 β_1 的最大似然估计值

$$\hat{\beta}_0 = \frac{n}{\ln(1 + \hat{\beta}_1 T_n)} \tag{3-68}$$

$$\frac{1}{\hat{\beta}_1} \sum_{i=1}^{n} \frac{1}{1 + \hat{\beta}_1 T_i} = \frac{n T_n}{(1 + \hat{\beta}_1 T_n) \ln(1 + \hat{\beta}_1 T_n)} \tag{3-69}$$

式中：β_0：$\beta_0 = \theta^{-1}$；β_1：$\beta_1 = \lambda_0 \theta$；

　　　n——观测到的失效总数；

　　　T_n——观测到第 n 个失效时的累计执行时间；

　　　T_i——观测到第 i 个失效时的累计执行时间。

一旦获得 β_0 和 β_1 的最大似然估计值，就可根据式（3-70）对 λ_0 和 θ 进行最大似然估计

$$\hat{\theta} = \frac{1}{n} \ln(1 + \hat{\beta}_1 T_n), \hat{\lambda}_0 = \hat{\beta}_0 \hat{\beta}_1 \tag{3-70}$$

式中：n——观测到的失效总数；

　　　T_n——观测到第 n 个失效时的累计执行时间。

3.7　机载软件可靠性指标验证

3.7.1　概述

由于机载软件失效所导致的系统事故越发频繁，造成任务失败、人员伤亡等灾难性损失，因此为保证机载软件运行可靠性水平，在机载软件交付之前通常需要对软件的可靠性指标进行验证，以精确、客观地确认当前软件可靠性水平是否满足指标要求。

软件可靠性指标验证是在给定的风险限度内，为验证软件可靠性水平是否满足指标要求而开展的活动，即用户在接收软件前，确定它是否满足所规定的可靠性指标要求，并给出接受或者拒绝的验证结论。其对于机载软件可靠性保证有着非常重要的意义。

参考 GJB 899A 等标准以及相关文献，机载软件可靠性指标验证包括如下内容：

（1）机载软件可靠性验证方案制订

依据软件可靠性指标要求（例如，MTBF≥300h）以及软件用户设定的验证方案参数（例如，使用方风险、置信度等），选择并制订不同类别的软件可靠性验证方案。依据 GJB 899A，较为典型的可靠性验证方案包括无失效验证方案、定时截尾验证方案、序贯验证方案等。

（2）机载软件可靠性指标验证

依据软件可靠性验证方案，执行软件可靠性测试（见本书的 3.5 节）。将软件可靠性测试过程中的失效数据代入所制订的软件可靠性验证方案，确认当前软件可靠性水平是否已经实现了软件可靠性指标要求。

3.7.2 无失效验证方案

基于无失效验证方案的机载软件可靠性指标验证过程说明如下：

（1）确定验证方案

首先，依据软件可靠性指标要求，确定方案参数 θ_0，即软件可靠性指标值（例如，MTBF）。然后，依据软件用户需求，确定方案参数 β，即使用方风险。

依据所设定的方案参数 θ_0 和 β，无失效验证时间 T 按式（3-71）计算。

$$T=-\theta_0\ln\beta \qquad (3-71)$$

可依据表 3-70，计算不同使用方风险下的验证时间 T。

表 3-70　不同使用方风险值的无失效验证方案

使用方风险 β	验证时间 T（θ_0 的倍数）
0.0001	9.2
0.0005	7.6
0.001	6.9
0.005	5.3
0.01	4.6
0.02	3.9
0.03	3.5
0.04	3.2
0.05	3.0
0.10	2.3
0.15	1.9
0.20	1.6
0.25	1.4
0.30	1.2

由表 3-70 可知，要求的使用方风险 β 越低，则软件所需的无失效验证时间越长。

（2）可靠性测试执行

在所需的验证时间 T 内，参考本书 3.5 小节中介绍的可靠性测试方法，开展软件可靠性测试，并在软件可靠性测试过程中，记录发生的失效数 r。

（3）可靠性验证结论

①若失效数 r 等于 0，则验证结论为"接收软件"，即软件可靠性水平满足规定的可靠性指标要求。

②否则验证结论为"拒收软件"，即软件可靠性水平不满足规定的可靠性指标要求。

3.7.3　序贯验证方案

基于序贯验证方案的机载软件可靠性指标验证过程说明如下：

（1）确定验证方案

首先，依据软件可靠性指标要求，确定方案参数 θ_0，即可接受的软件可靠性指标值（例如，MTBF），确定方案参数 θ_1，即不可接受的软件可靠性指标值。然后，依据软件用户需求，确定方案参数 β，即使用方风险，以及方案参数 α，即生产方风险。

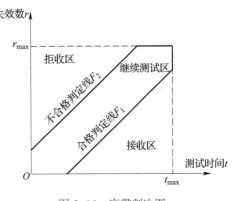

图 3-16　序贯判决图

依据上述设定的验证方案参数，绘制如图 3-16 所示的序贯判决图。

图中的"合格判定线"可表示为 $F_1(t)=h_0+st$。图中的"不合格判定线"可表示为 $F_2(t)=-h_1+st$。其中

$$h_1=\frac{\ln \alpha}{\frac{1}{\theta_1}-\frac{1}{\theta_0}},\ h_0=\frac{-\ln \beta}{\frac{1}{\theta_1}-\frac{1}{\theta_0}},\ s=\frac{\ln \frac{\theta_0}{\theta_1}}{\frac{1}{\theta_1}-\frac{1}{\theta_0}}\qquad（3-72）$$

（2）可靠性测试执行

参考本书 3.5 小节中介绍的可靠性测试方法，开展软件可靠性测试。在软件可靠性测试过程中，以点坐标 (t, r) 的形式记录可靠性测试时间和失效数，并在序贯判决图中绘制该点。

（3）可靠性验证结论

①若点坐标 (t, r) 落入图 3-16 中的"继续测试区"，则验证结论为"继续测试"。此时，还需继续执行软件可靠性测试。

②若点 (t, r) 落入图 3-16 中的"拒收区"，则认为软件可靠性水平不能满足规定的指标要求，验证结论为"拒收"，并停止软件可靠性测试。

③当点 (t, r) 落入图 3-16 中的"接收区"，则认为软件可靠性水平达到规定的指标要求，验证结论为"接收"，并停止软件可靠性测试。

3.7.4 定时截尾验证方案

基于定时截尾验证方案的机载软件可靠性指标验证过程说明如下：

（1）确定验证方案

首先，依据软件可靠性指标要求，确定方案参数 θ_0，即可接受的软件可靠性指标值（例如，MTBF）；确定方案参数 θ_1，即不可接受的软件可靠性指标值。然后，依据软件用户需求，确定方案参数 β，即使用方风险，以及方案参数 α，即生产方风险。

依据上述设定的验证方案参数，计算所需的验证时间 T，以及相应的允许失效数 c，需同时满足式（3–73）。

$$\sum_{i=0}^{c} \left(\frac{T}{\theta_0}\right)^i \frac{\mathrm{e}^{-T/\theta_0}}{i!} = 1 - \alpha$$
$$\sum_{i=0}^{c} \left(\frac{T}{\theta_1}\right)^i \frac{\mathrm{e}^{-T/\theta_0}}{i!} = \beta \tag{3–73}$$

对于满足上述两个等式所有的可能解（T, c），最优的验证方案应该是验证时间 T 最短且相应失效数 c 最小的解。上述两个等式可以使用泊松分布函数表、开方分布函数表等方法来求解。

（2）可靠性测试执行

确定测试方案参数（T, c）以后，在给定的验证时间 T 内执行软件可靠性测试，并在软件可靠性测试过程中，记录实际的失效数 r。

（3）可靠性验证结论

①如果实际失效数 r 大于允许失效数 c，则验证结论为"拒收软件"，即软件可靠性水平不能满足规定的指标要求。

②如果实际失效数 r 小于或等于允许失效数 c，则验证结论为"接收软件"，即软件可靠性水平满足规定的指标要求。

3.8 小结

本章重点介绍了机载软件可靠性指标论证、分配、分析、设计编码、测试评估等各项技术，站在可靠性这一核心质量特性的角度，阐述如何构建全寿命周期的航空机载软件质量控制能力。如果说质量管理是提升机载软件质量的准绳与依据，那么可靠性则是在此前提约束下，提升机载软件质量的重要手段和解决方案。为确保读者能够更好地理解以可靠性为目标的质量控制工作的技术方法与成果形式，在第 4 章将从作者近年来参与的软件可靠性项目实践中，选取若干典型案例进行详细介绍。

第4章　机载软件质量控制典型案例

4.1　机载软件可靠性分析应用案例

　　某型机载任务管理系统软件接收上位机传来的指令，辅助航电系统实现引气管理、设备监控等功能。本章将以引气管理功能以及设备监控功能为例，阐述软件可靠性分析的工作过程与典型成果。

4.1.1　典型应用案例1

4.1.1.1　软件需求建模

　　针对"引气管理"功能进行需求建模，如图4-1所示。

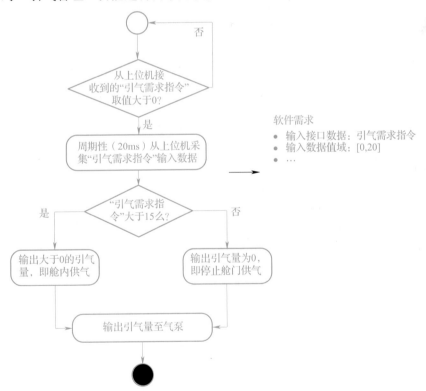

图4-1　"引气管理"需求建模示例

　　由图4-1可知，与"引气管理"功能可靠性分析相关的需求包括：

　　（1）输入接口数据：引气需求指令［0，20］。

　　（2）输出接口数据：引气量［0，100］。

4.1.1.2 软件可靠性分析准则制定

依据本书的3.3小节，针对需求"输入接口数据（引气需求指令）"与"输入数据值域（[0，20]）"，制定相应的软件可靠性分析准则，如表4-1所示。

表4-1 制定的软件可靠性分析准则

分类	软件可靠性分析准则	对应的通用失效模式
输入接口 – 数据	准则1：对输入接口数据进行检查，分析输入数据取值为"正常输入等价类、异常值、边界值、极大极小值"等情况下输出的正确性	数据1-1：取值大于取值区间边界值上限
		数据1-2：取值小于取值区间边界值下限
		数据1-3：取值为取值区间之间的异常值
		…

4.1.1.3 软件失效原因分析

针对软件需求"输入接口数据（引气需求指令）"，依据分析准则1进行检查，分析输入接口数据"取值大于取值区间边界值上限"时，输出的正确性，即"引气管理"功能是否针对通用失效模式数据1-1进行了正确处理。

经分析，当输入数据"引气需求指令"取值大于边界值上限（即20）时，"引气管理"功能将依据异常"引气需求指令"进行引气管理，输出取值大于边界值上限（即100）的异常"引气量"。因此，所识别的软件失效原因如表4-2所示。

表4-2 软件失效原因分析

软件功能	失效原因	失效模式	失效影响	影响等级	控制措施 / 可靠性安全性需求
引气管理	输入数据"引气需求指令"取值大于边界值上限20，功能依据取值异常的"引气需求指令"进行机舱引气管理				

4.1.1.4 软件失效模式及影响分析

依据所识别的失效原因，输入数据"引气需求指令"取值大于边界值上限（即20）时，"引气管理"功能将依据异常的"引气需求指令"进行机舱引气管理，并输出取值大于边界值上限（100）的"引气量"。此功能异常输出即为识别的软件失效模式。

在此失效模式下，即软件输出取值大于边界值上限（100）的"引气量"时，将致机舱内压力过大，飞行员会受到严重困扰。此即为软件失效模式对于系统运行安全的影响。

综上所述，软件失效模式及其影响分析结果如表4-3所示。

4.1.1.5 控制措施与软件可靠性安全性需求制定

针对所识别的失效原因（输入数据"引气需求指令"取值大于边界值上限（即20）），考虑对输入数据"引气需求指令"的异常取值进行判断和处理，由此制定的控制措施 / 软件可靠性安全性需求如表4-4所示，并落实于软件需求设计中。

4.1.1.6 形成软件FMEA分析数据清单

将"失效原因""失效模式""失效影响及等级"以及"控制措施 / 软件可靠性安全性需求"等分析结果进行汇总后，形成如表4-5所示的软件FMEA分析数据清单。

表 4-3　软件失效模式及其影响分析结果

软件功能	失效原因	失效模式	失效影响	影响等级	控制措施 / 可靠性安全性需求
设备监控	输入数据"引气需求指令"取值大于边界值上限 20，功能依据取值异常的"引气需求指令"进行引气管理	功能输出数据"引气量"取值为大于边界值上限（即100）的异常值	软件输出过大的引气量，导致舱内压力过大	B	

表 4-4　软件可靠性安全性需求

标识	软件可靠性安全性需求内容	相关功能
Safety-R01	对功能"引气管理"的输入数据"引气需求指令"取值进行判断，若其大于边界值上限，则给出告警提示，并将其置为上一周期的正常取值	引气管理

表 4-5　软件 FMEA 分析数据清单

软件功能	失效原因	失效模式	失效影响	影响等级	控制措施 / 可靠性安全性需求
引气管理	输入数据"引气需求指令"取值大于边界值上限 20，功能依据取值异常的"引气需求指令"进行引气管理	功能输出数据"引气量"取值为大于边界值上限（即100）的异常值	软件输出过大的引气量，导致舱内压力过大	B	对输入数据"引气需求指令"的取值进行判断，若其大于边界值上限，则应给出告警提示，并将其置为上一周期的正常取值

4.1.2　典型应用案例 2

4.1.2.1　软件需求建模

针对"设备监控"功能进行需求建模，如图 4-2 所示。

针对机载任务管理系统软件的工作状态建模如图 4-3 所示。

围绕上述需求模型，与可靠性分析相关的需求识别如图 4-4 所示。

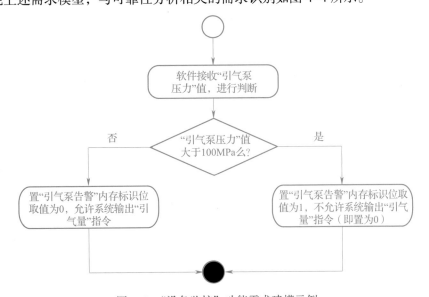

图 4-2　"设备监控"功能需求建模示例

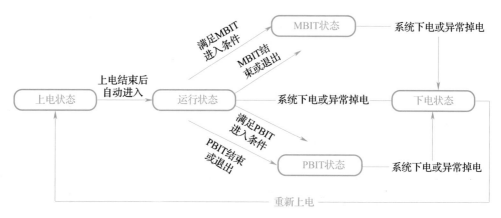

图 4-3　软件工作状态需求建模示例

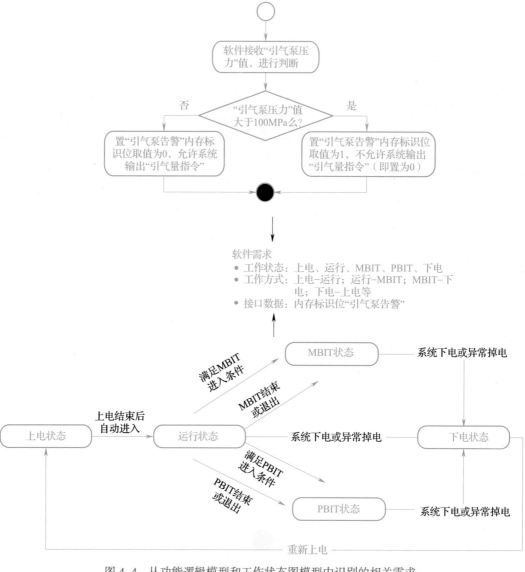

图 4-4　从功能逻辑模型和工作状态图模型中识别的相关需求

由图 4-4 可知，与"设备监控"功能可靠性分析相关的需求包括：

（1）工作状态：上电、运行、MBIT、PBIT、下电。

（2）工作方式：上电 – 运行；运行 –MBIT；MBIT– 下电；下电 – 上电等。

（3）接口数据："引气泵告警"内存标识位（输出数据）。

4.1.2.2　软件可靠性分析准则制定

依据本书的 3.3 小节，针对需求"工作状态""工作方式"以及"接口数据"，制定软件可靠性分析准则，如表 4-6 所示。

表 4-6　制定的软件可靠性分析准则

分类	软件可靠性分析准则	对应的通用失效模式
状态方式 –转移条件 –工作方式	同一个功能存在于多个工作状态中，则从某一个状态出发，遍历各种工作方式（即状态之间的转移路径），在每种工作方式下进行检查，该功能输出数据取值是否发生变化，并分析发生变化时，输出数据的正确性	数据 1-1：不同工作方式下，功能输出数据的取值发生变化
		…

4.1.2.3　软件失效原因分析

针对软件需求"工作状态""工作方式"以及"接口数据"，依据表 4-6 中的分析准则进行检查，分析"不同工作方式下，功能输出数据的取值发生变化"时，输出的正确性，即"设备监控"功能是否针对通用失效模式数据 1-1 进行了正确处理，进而识别软件失效原因。

针对设计准则 1 和通用失效数据 1-1，相应的分析方法如图 4-5 所示。

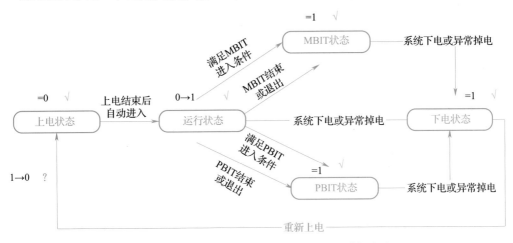

图 4-5　基于分析要求 1 和通用数据 1-1 的分析方法

基于通用数据 1-1（不同工作方式下，功能输出数据的取值发生变化）的失效原因分析过程如下：

在各类工作方式下，分别对"引气泵告警"标识位的取值情况进行判断：

（1）工作方式 1：上电。此时"引气泵压力"小于 100MPa，取值为 0，正确。

（2）工作方式 2：上电 – 运行。当"引气泵压力"大于 100MPa 时，取值由 0 变为 1，正确。

（3）工作方式3：运行 –MBIT。当"引气泵压力"大于100MPa时，取值保持为1不变，正确。

（4）工作方式4：运行 –PBIT。当"引气泵压力"大于100MPa时，取值保持为1不变，正确。

（5）工作方式5：运行 – 下电。当"引气泵压力"大于100MPa时，取值保持为1不变，正确。

（6）工作方式6：下电 – 上电。由于上电初始化，"引气泵告警"标识位取值由掉电前的1（有效）变为初始化值0（无效）。即在"引气泵压力"取值大于100MPa的异常情况下，软件允许系统输出"引气量指令"，异常。

因此，依据设计准则1和通用数据1–1，识别出如表4–7所示的软件失效原因。

表4–7　软件失效原因分析

软件功能	失效原因	失效模式	失效影响	影响等级	控制措施 / 可靠性安全性需求
设备监控	当前"引气泵压力"取值大于100MPa。系统异常掉电重启，在上电初始化过程中，将"引气泵告警"标识位取值由1（有效）变为0（无效）				

4.1.2.4　软件失效模式及影响分析

依据所识别的失效原因，即当前"引气泵压力"取值大于100MPa，系统异常掉电重启，在上电初始化过程中，将"引气泵告警"标识位取值由1（有效）变为0（无效），此时软件将在"引气泵压力"取值大于100MPa的异常情况下，却依然允许系统输出"引气量指令"。此功能异常输出即为识别的软件失效模式。

在此失效模式下，即当"引气泵压力"取值大于100MPa的情况下，软件允许系统输出"引气量指令"时，将使得引气泵压力过大而导致引气装置受损，进而导致机舱内无法正常供气，飞行员会受到严重困扰。此即为软件失效模式对于系统运行安全的影响。

综上所述，软件失效模式及其影响分析结果如表4–8所示。

表4–8　软件失效模式及其影响分析结果

软件功能	失效原因	失效模式	失效影响	影响等级	控制措施 / 可靠性安全性需求
设备监控	当前"引气泵压力"取值大于100MPa。系统异常掉电重启，在上电初始化过程中，将"引气泵告警"标识位取值由1（有效）变为0（无效）	在"引气泵压力"取值大于100MPa的异常情况下，允许系统输出"引气量指令"	引气泵压力过大而导致引气装置受损，进而导致机舱内无法正常供气，飞行员会受到严重困扰	B	

4.1.2.5　控制措施与软件可靠性安全性需求制定

针对所识别的失效原因（当前"引气泵压力"取值大于 100MPa。系统异常掉电重启，在上电初始化过程中，将"引气泵告警"标识位取值由 1（有效）变为 0（无效）），考虑将"引气泵告警"内存标识位存储于非易失存储器（non-volatile memory，NVM）等。紧急掉电重启后，从 NVM 中读取掉电前的"引气泵告警"标识位取值，从而防止该内存标识位在掉电重启前后取值不一致。由此制定的控制措施 / 软件可靠性安全性需求如表 4-9 所示。

表 4-9　软件可靠性安全性需求

标识	软件可靠性安全性需求内容	相关功能
Safety-R02	将"引气泵告警"标识位存储于 NVM 等非易失存储器中。紧急掉电重启后，从 NVM 中读取掉电前的"引气泵告警"标识位取值	设备监控

4.1.2.6　形成软件 FMEA 分析数据清单

最后，将"失效原因""失效模式""失效影响及等级"以及"控制措施 / 软件安全性需求"等分析结果进行汇总后，形成如表 4-10 所示的软件 FMEA 分析数据清单。

表 4-10　软件 FMEA 分析数据清单

软件功能	失效原因	失效模式	失效影响	影响等级	控制措施 / 可靠性安全性需求
设备监控	当前"引气泵压力"取值大于 100MPa。系统异常掉电重启，在上电初始化过程中，将"引气泵告警"标识位取值由 1（有效）变为 0（无效）	在"引气泵压力"取值大于 100MPa 的异常情况下，允许系统输出"引气量指令"	引气泵压力过大而导致引气装置受损，进而导致机舱内无法正常供气，飞行员会受到严重困扰	B	将"引气泵告警"标识位存储于 NVM 等非易失存储器中。紧急掉电重启后，从 NVM 中读取掉电前的"引气泵告警"标识位取值

4.2　基于运行剖面的机载软件可靠性测试应用案例

本节以某型机载数据传输软件为对象，对基于运行剖面的机载软件可靠性测试方法进行示例性说明。

4.2.1　软件运行剖面构造

针对机载数据传输软件的运行剖面构造过程如下：

（1）系统模式剖面构建

依据机载数据传输软件的需求，构建如图 4-6 所示的系统模式剖面。

（2）功能转移剖面构建

以正常模式为例，构建出该模式下的图形化功能转移剖面，如图 4-7 所示。

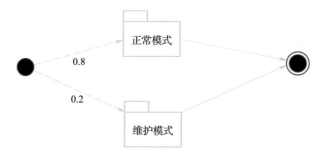

图 4-6　系统模式剖面

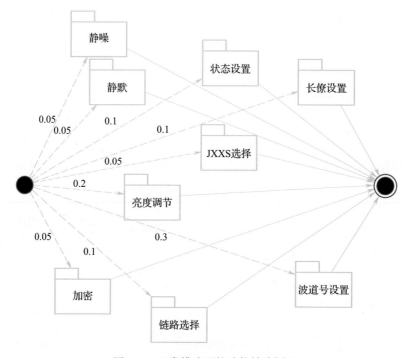

图 4-7　正常模式下的功能转移剖面

（3）操作过程剖面构建

以图 4-7 功能转移剖面中的加密功能为例，构建出该功能下的图形化操作剖面，如图 4-8 所示。

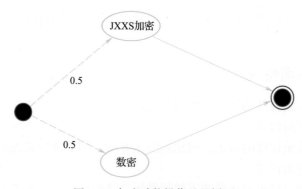

图 4-8　加密功能操作过程剖面

（4）输入分布剖面构建

数据传输软件所有操作变量的名称、类型、输入域空间如表 4-11 所示。

表 4-11　机载数据传输软件操作的变量列表

操作	变量	变量类型	输入域空间	抽取原则
静噪	执行静噪	枚举型（离散）	"执行"	不适用
静默	执行静默	枚举型（离散）	"执行"	不适用
状态设置	设置系统状态	枚举型（离散）	"设置"	不适用
JXXS 选择	选择 JXXS 状态	枚举型（离散）	"选择"	不适用
亮度调节	亮度	整数型（离散）	1 ~ 15	等概率抽取
数密	执行数字加密	枚举型（离散）	"执行"	不适用
×× 波道号设置	×× 波道号	整数型（离散）	1 ~ 25	等概率抽取
长机设置	长机编号	布尔型（离散）	0 或 1	等概率抽取
僚机设置	僚机编号	整数型（离散）	2 ~ 7	等概率抽取
波道号设置	波道号设置	枚举型（离散）	"设置"	不适用
×× 设置	×× 端机序号	整数型（离散）	0 ~ 5	等概率抽取
	×× 设置内容	整数型（离散）	1 ~ 200	等概率抽取
×× 发送	×× 端机序号	整数型（离散）	0 ~ 5	等概率抽取
	数据发送	枚举型（离散）	"发送"	不适用
×× 数据查询发送	×× 数据内容	整数型（离散）	1 ~ 200	等概率抽取
	数据发送	枚举型（离散）	"发送"	不适用
×× 数据查询	×× 数据内容	整数型（离散）	1 ~ 200	等概率抽取
被动自检	自检命令	枚举型（离散）	"自检"	不适用
主动自检	自检命令	枚举型（离散）	"自检"	不适用
×× 波道号设置	×× 波道号	整数型（离散）	1 ~ 25	等概率抽取
长机设置	长机编号	布尔型（离散）	0 或 1	等概率抽取
僚机设置	僚机编号	整数型（离散）	2 ~ 7	等概率抽取
注：抽取原则中的"不适用"表示该变量只有一个取值，所以不需要对输入域进行抽取。				

依据表 4-11，以操作"亮度调节"为例，对该操作下的变量"亮度"进行赋值。变量"亮度"是一个离散的整数值，其可设值域为 0 ~ 15，赋值抽取原则为等概率均匀抽

取。因此，可以产生一个 0 ~ 15 之间的随机整数值，作为变量"亮度"的赋值。

4.2.2　基于运行剖面的可靠性测试用例设计

基于运行剖面的软件可靠性测试用例设计过程分别阐述如下：

步骤 1：系统模式剖面抽取。

产生一个 0 ~ 1 的随机数，设该随机数为 0.4，则落入（0.2，1）这个区间，表示此次用例生成中，在系统模式剖面中抽取到"正常模式"。

步骤 2：功能转移剖面抽取。

与步骤 1 的抽取方式一致，假设此次用例生成中，在"正常模式"功能转移剖面中抽取到功能"亮度调节"。

步骤 3：操作过程剖面抽取。

与步骤 1 的抽取方式一致，假设此次用例生成中，在"亮度调节"操作过程剖面中抽取到操作"亮度调节"。

步骤 4：输入分布剖面抽取。

假设生成的随机数为 14，表示此次用例生成中，给操作"亮度调节"的变量"亮度"赋值为 14。

步骤 5：返回到操作过程剖面。

"亮度条件"操作过程剖面中只有一个操作"亮度调节"，因此此次用例生成中，只抽取到一个操作"亮度条件"。

步骤 6：返回到功能转移剖面。

"正常模式"操作过程剖面中每个功能都是独立的，没有转移关系，因此，此次用例生成中，只抽取到一个功能"亮度调节"。

至此，一个完整软件可靠性测试用例已经设计生成。该测试用例的描述如表 4–12 所示。

表 4–12　基于运行剖面的软件可靠性测试用例

编制人	×××	生成时间	×××	用例编号	SRT1
软件名称	机载数据传输软件	版本	Version 2.0	单位	秒
亮度调节	第 1 步	亮度值 = "14"			
	预期结果	将数据传输软件的液晶管显示亮度设置为 14			

4.3　基于任务剖面的机载软件可靠性测试应用案例

本节以某型机载数据接收软件为对象，对基于任务剖面的机载软件可靠性测试方法进行示例性说明。

4.3.1　构建软件任务剖面与任务模型

按照如下步骤构建软件的任务剖面与任务模型。

（1）构建软件任务与功能清单

建立数据接收软件的任务清单，如表 4-13 所示。

表 4-13　软件任务清单示例

任务序号	任务名称
1	上电设备检测任务
2	X 型数据接收处理任务
3	Y 型数据转发任务
4	Z 型数据接收存储任务
5	数据统计分析任务

构建软件不同任务下的功能清单，如表 4-14 所示。

表 4-14　软件功能清单示例

序号	任务名称	功能名称
1	上电设备检测任务	设备上电自检测
2		检测结果上报
3	X 型数据接收处理任务	数据实时采集
4		特征提取
5		目标关联处理
6		编目预处理
7		数据入库存储
8	Y 型数据转发任务	数据解析
9		数据实时采集
10		转发设备调用
11		数据入库存储
12		数据打包转发
13	Z 型数据接收存储任务	数据实时采集
14		数据解析
15		数据入库存储
16	数据统计分析任务	数据分布统计
17		数据趋势分析
18		统计分析报告生成

（2）构建软件任务剖面

数据接收软件的任务剖面构建示例如表 4-15 所示。

表 4-15 软件任务剖面示例

任务序号	任务名称	任务时间比例（百分比）
1	上电设备检测任务	5%
2	X 型数据接收处理任务	40%
3	Y 型数据转发任务	20%
4	Z 型数据接收存储任务	20%
5	数据统计分析任务	15%

（3）构建软件任务模型

① X 型数据接收处理任务模型

X 型数据接收处理任务模型如图 4-9 所示。

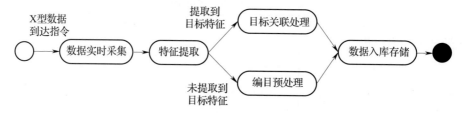

图 4-9　X 型数据接收处理任务模型

② Y 型数据转发任务模型

Y 型数据转发任务模型如图 4-10 所示。

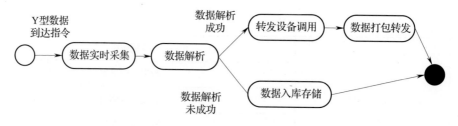

图 4-10　Y 型数据转发任务模型

③ Z 型数据接收存储任务模型

Z 型数据接收存储任务模型如图 4-11 所示。

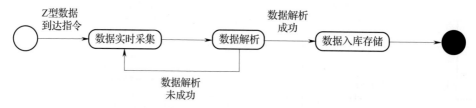

图 4-11　Z 型数据接收存储任务模型

④数据统计分析任务模型

数据统计分析任务模型如图 4-12 所示。

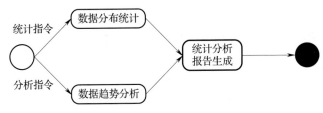

图 4-12　数据统计分析任务模型

⑤上电设备检测任务模型

上电设备检测任务模型如图 4-13 所示。

图 4-13　上电设备检测任务模型

4.3.2　基于任务剖面的软件可靠性测试用例设计

按照如下步骤，进行基于任务剖面的软件可靠性测试用例设计工作。

（1）基于任务剖面的任务路径抽取

基于任务剖面的任务路径抽取示例如表 4-16 所示。

表 4-16　基于任务剖面的任务路径抽取示例

序号	任务模型	任务路径集合
1	X 型数据接收处理任务模型	路径 1：数据实时采集 -> 特征提取 -> 目标关联处理 -> 数据入库存储 路径 2：数据实时采集 -> 特征提取 -> 编目预处理 -> 数据入库存储
2	Y 型数据转发任务模型	路径 1：数据实时采集 -> 数据解析 -> 转发设备调用 -> 数据打包转发 路径 2：数据实时采集 -> 数据解析 -> 数据入库存储
3	Z 型数据接收存储任务模型	路径 1：数据实时采集 -> 数据解析 -> 数据入库存储（若数据解析成功） 路径 2：数据实时采集 -> 数据解析 -> 数据实时采集（若数据解析未成功）
4	数据统计分析任务模型	路径 1：接收到统计指令 -> 数据分布统计 -> 统计分析报告生成 路径 2：接收到分析指令 -> 数据趋势分析 -> 统计分析报告生成
5	上电设备检测任务模型	路径 1：设备上电自检测 -> 检测结果上报

抽取到任务路径之后，还需要结合每项功能的操作剖面，对每项任务路径继续进行细化抽取。即针对任务路径中的每项功能，依据功能的操作流程剖面，抽取操作之间的转移路径，从而将任务路径细化为一条或多条由一项或多项操作组成的集合。

例如，针对"X 型数据接收处理任务模型"中的路径 1"数据实时采集 -> 特征提取 -> 目标关联处理 -> 数据入库存储"，还可以细化为路径 1-1"数据采集 -> 数据滤波 -> 数据存入缓存 -> 特征识别 -> 特征提取 -> 目标识别 -> 目标关联 -> 数据入库审批 -> 数据存储"，路径 1-1 中的每项元素都是功能中的操作。

（2）基于任务剖面的可靠性测试用例

首先，依据任务模型中功能节点之间的转移关系，遍历抽取由功能组成的任务路径。

然后，依据每项功能的操作剖面中各项操作节点之间的转移关系，进一步遍历抽取由操作组成的细化任务路径，形成对软件任务剖面及其任务模型的充分覆盖。

其次，针对每条任务路径上的所有操作节点及其接口数据，从"正常等价类"等角度，对操作中各项接口数据的取值空间进行随机抽取，抽取到的正常值作为软件可靠性测试用例的输入或者约束条件，实现基于正常空间赋值的可靠性测试用例设计。

最后，还可针对每条任务路径上的所有操作节点及其接口数据，从"异常等价类""边界值"等角度，对操作中各项接口数据的取值空间进行随机抽取，抽取到的异常值或者边界值作为软件可靠性测试用例的输入或者约束条件，实现基于异常空间赋值的可靠性测试用例设计。

以"数据统计分析任务模型"中的"路径1：接收到统计指令 -> 数据分布统计 -> 统计分析报告生成"为例，其抽取到的基于正常空间赋值的可靠性测试用例如表4-17所示。

表4-17　基于任务剖面的软件可靠性测试用例1

编制人	×××	生成时间	×××	用例编号	SRT1
软件名称	数据接收软件	版本	Version 2.0	单位	秒
数据统计分析	第1步	统计指令 = 1（有效）			
	第2步	数据分布统计参数 =2（按时间统计）			
	第3步	统计分析报告生成指令 =1（有效）			
	预期结果	按照数据采集时间进行数据分布统计，并自动生成规定格式的统计分析报告			

以"数据统计分析任务模型"中的"路径1：接收到统计指令 -> 数据分布统计 -> 统计分析报告生成"为例，其抽取到的基于异常空间赋值的可靠性测试用例如表4-18所示。

表4-18　基于任务剖面的软件可靠性测试用例2

编制人	×××	生成时间	×××	用例编号	SRT1
软件名称	数据接收软件	版本	Version 2.0	单位	秒
数据统计分析	第1步	统计指令 = 1（有效）			
	第2步	数据分布统计参数 =0（未定义的异常值）			
	第3步	统计分析报告生成指令 =1（有效）			
	预期结果	软件不响应统计指令，不生成统计分析报告			

4.4　机载软件可靠性指标定量评估应用案例

本节以某型机载通信数据处理软件为对象，对基于运行剖面的机载软件基本可靠性指标定量评估方法进行示例性说明。

4.4.1　失效数据记录

机载通信数据处理软件可靠性测试共持续3个月，有效测试时长约为70日，每天软件平均运行 8h，软件共运行约 560h，记录 11 个失效。依据失效出现次序，对每项失效数据的累计发生时间统计如表 4-19 所示。

表 4-19 机载通信数据处理软件失效时间数据记录

失效序号	间隔失效时间 /h	累计失效时间 /h
RQ-1	14	14
RQ-2	48	62
RQ-3	53	115
RQ-4	52	167
RQ-5	57	224
RQ-6	65	289
RQ-7	32	321
RQ-8	69	390
RQ-9	67	457
RQ-10	45	502
RQ-11	48	550

由于软件可靠性测试环境以及人员的操作方式与软件的真实运行情况有所差异，因此，在开展可靠性定量评估之前，需要依据测试环境与运行环境的差异，对失效时间数据进行还原，以获得真实的软件可靠性定量评估结果。

依据机载通信数据处理软件历史使用日志以及测试数据，并与软件研制人员交流后，认为机载通信数据处理软件可靠性测试过程中输入数据的频率，与真实运行环境下的输入数据频率相比，比例大约为 30:1。因此以 30:1 作为失效时间的还原因子，对表 4-19 中的失效时间数据进行还原，见表 4-20。

表 4-20 还原后的机载通信数据处理软件失效时间数据

失效序号	累计失效时间 /h	还原的累计失效时间 /h
RQ-1	14	420
RQ-2	62	1860
RQ-3	115	3450
RQ-4	167	5010
RQ-5	224	6720
RQ-6	289	8670
RQ-7	321	9630
RQ-8	390	11700
RQ-9	457	13710
RQ-10	502	15060
RQ-11	550	16500

4.4.2 软件失效趋势分析

针对机载通信数据处理软件失效数据，借助拉普拉斯法进行失效数据趋势分析，拉氏因子计算值如表 4-21 所示。

表 4-21 机载通信数据处理软件失效数据拉氏因子计算值

失效序号	拉氏因子计算值
RQ-1	0
RQ-2	−0.6265
RQ-3	−1.1091
RQ-4	−1.2765
RQ-5	−1.2818
RQ-6	−1.3799
RQ-7	−1.5292
RQ-8	−1.6780
RQ-9	−1.7743
RQ-10	−1.8870
RQ-11	−1.9920

依据表 4-21 中的拉氏因子值，绘制机载通信数据处理软件失效数据的拉氏因子图，如图 4-14 所示。

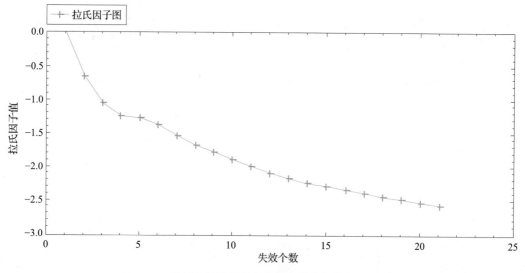

图 4-14 机载通信数据处理软件失效数据的拉氏因子图

依据表 4–21 中的拉氏因子计算值与拉氏因子图，机载通信数据处理软件可靠性的失效趋势分析结果为"增长"。

4.4.3　软件可靠性模型预选

由于机载通信数据处理软件的失效趋势分析结果为"增长"，因此，选择 JM、GO、LV、MO 以及 Schneidewind 五个可反映失效数据增长趋势的经典模型作为备选模型，模型形式如表 4–22 所示。

表 4–22　预选的软件可靠性模型

模型名称	模型形式
JM	$\lambda\left(t'_i\mid t_{i-1}\right)=\left(u_0-i+1\right)\varphi$
GO	$u\left(t\right)=N\left(1-\exp\left(-\varphi t\right)\right)$
LV	$\mu\left(t_i\right)=\dfrac{1}{\beta_1}\left[-\beta_0\pm\sqrt{\beta_0^2+2\beta_1\left(t_i\right)+c}\,\right]$
MO	$\lambda\left(\tau\right)=\lambda_0 e^{-\theta m\left(\tau\right)}$
Schneidewind	$u\left(t_i\right)=\dfrac{\alpha}{\beta}\left[1-\exp\left(-\beta\cdot i\right)\right]$

4.4.4　模型参数估计

基于 4.4.1 小节中的失效时间数据，借助最大似然法，对 4.4.3 小节的预选软件可靠性模型参数进行估计，获得估计值如表 4–23 所示。

表 4–23　预选的软件可靠性模型参数估计

模型名称	模型形式	模型参数估计值
JM	$\lambda\left(t'_i\mid t_{i-1}\right)=\left(u_0-i+1\right)\varphi$	$u_0=28.88624191$ $\varphi=0.00056921$
GO	$u\left(t\right)=N\left(1-\exp\left(-\varphi t\right)\right)$	$N=130.00617069$ $\varphi=0.00004872$
LV	$\mu\left(t_i\right)=\dfrac{1}{\beta_1}\left[-\beta_0\pm\sqrt{\beta_0^2+2\beta_1\left(t_i\right)+c}\,\right]$	$\beta_0=0.30076920$ $\beta_1=113.59845247$ $c=6.26367390$
MO	$\lambda\left(\tau\right)=\lambda_0 e^{-\theta m\left(\tau\right)}$	$\lambda_0=2.56303907$ $\theta=0.99999809$
Schneidewind	$u\left(t_i\right)=\dfrac{\alpha}{\beta}\left[1-\exp\left(-\beta\cdot i\right)\right]$	$\alpha=0.00685594$ $\beta=0.00010157$

4.4.5 模型评估质量评价与确认

基于 4.4.1 小节中的失效时间数据，对 4.4.3 小节的预选模型的评估拟合质量进行评价，从中选取拟合质量最佳的软件可靠性模型进行软件可靠性指标定量评估。

本书采用均值误差平方、MSE 值和回归曲线方程的相关指数（R–Square）值进行模型评估质量评价，计算结果如表 4–24 所示。

表 4–24 软件可靠性模型评估质量列表

模型名称	MSE 值	R–Square 值
JM	33.15	0.8281
GO	0.6593	0.9820
LV	0.8691	0.9763
MO	72.6	0.7690
Schneidewind	0.5712	0.9844

每个模型对于失效时间数据的拟合效果如图 4–15 ~ 图 4–19 所示。

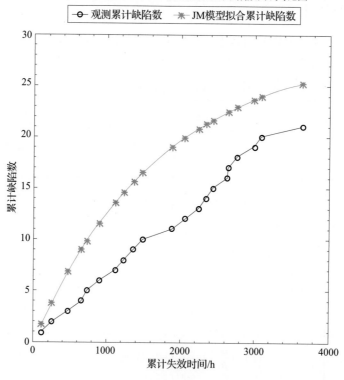

图 4–15 JM 模型拟合效果图

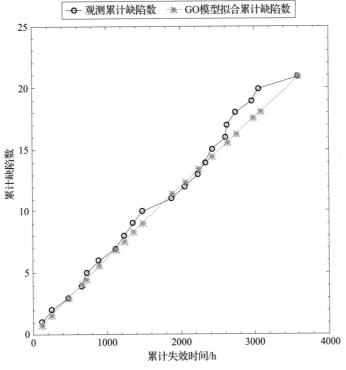

图 4-16　GO 模型拟合效果图

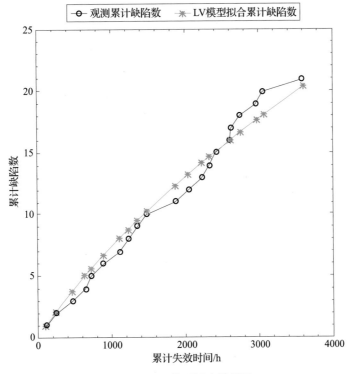

图 4-17　LV 模型拟合效果图

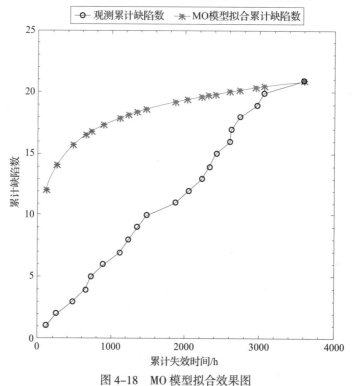

图 4-18　MO 模型拟合效果图

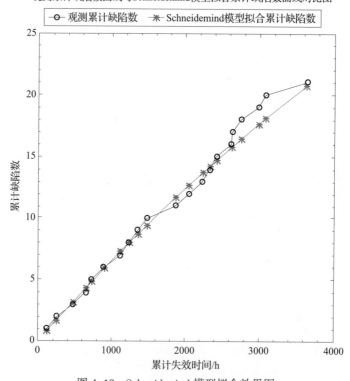

图 4-19　Schneidewind 模型拟合效果图

依据上述拟合效果图可知，针对机载通信数据处理软件来说，评估质量最佳的软件可靠性模型为 Schneidewind 模型，即 MSE 值最小，且 R–Square 值最接近 1。因此，本书选取 Schneidewind 模型进行机载通信数据处理软件可靠性指标的定量评估与验证。

4.4.6　软件可靠性指标定量评估

本节选用 Schneidewind 模型，对当前软件的基本可靠性指标（MTBF）以及失效率（λ）进行定量评估。

Schneidewind 模型以及基于该模型的可靠性指标评估过程可参见 GJB/Z 161。依据 4.4.1 小节的失效时间数据，对 MTBF 以及 λ 等可靠性指标的计算结果如下：

（1）MTBF $\approx$ 2341h。

（2）$\lambda \approx$ 0.00043。

4.5　机载软件可靠性指标验证应用案例

本节以某型机载压力测量软件为对象，对基于无失效方案的机载软件可靠性指标验证方法进行示例性说明。

4.5.1　确定验证方案

压力测量软件属于连续运行类的软件，对于软件运行过程中的持续可靠稳定要求较高。该软件已经过内部测评、三方测评等工作，软件中存在失效的可能性较小。因此，从方法适用性与易操作性等角度，本次压力测量软件可靠性验证测试方案选择"无失效验证方案"。

与研制人员交流，确定无失效验证方案参数为：

（1）使用方风险 β：0.2。

（2）可接受的 MTBF 取值 θ_0：6000h。

依据上述方案参数以及 3.8.2 小节，确定无失效验证方案为：本次软件可靠性验证所需的测试时间 T=1.6×6000=9600（h）。

4.5.2　可靠性验证测试执行

为提高软件可靠性验证测试效率，即在有限的时间内完成可靠性验证工作，测试人员人为地提升了操作频率以及数据输入频率，约为 15 倍。因此，项目组将所需的测试时间 T 进行转化，即执行 T' =9600/15=640（h）。

在软件可靠性验证测试过程中，连续运行了 640h 后，软件未发现新的失效，即软件失效数 r 等于 0。

4.5.3　可靠性验证结论

在可靠性验证测试过程中，软件失效数 r 等于 0，所以本次软件可靠性验证测试结论为：通过，即当前压力测量软件可靠性指标满足系统分配的指标要求（MTBF 为 6000h）。

4.6　小结

本章针对机载软件可靠性分析、测试、评估与验证等技术，选取了若干典型案例进行阐述，以帮助读者更好地理解第 3 章中基于可靠性的机载软件质量控制过程与内容。需要说明的是，在具体项目的实施操作中，读者也可以根据实际情况对各项技术过程和成果进行剪裁与增补，只要能够满足第 3 章技术的要求与目标即可。

附录 A　DO-178C 标准中的软件质量要求

附表 A-1　DO-178C 标准中的软件质量要求

序号	标准要求	类别
1	与系统需求的符合性：该目标是确保已定义了的软件要完成的系统功能，软件的高层需求能满足系统与功能、性能和有关安全的需求，并正确地定义了派生的需求及其成立的原因	高层需求的评审和分析
2	准确性和一致性：该目标是确保每一项高层需求被准确地、无歧义地和充分地细化，并且需求之间没有冲突	
3	与目标机的兼容性：该目标是确保在高层需求与目标机的硬件 / 软件特征之间，特别是与系统的响应时间和输入 / 输出硬件之间不存在冲突	
4	可验证性：该目标是确保每一项高层需求是可验证的	
5	与标准的符合性：该目标是确保在软件需求开发过程中遵循了软件需求标准，并对偏离标准的方面作了说明	
6	可追踪性：该目标是确保分配到软件的系统功能、性能和有关安全的需求已发展成软件的高层需求	
7	算法方面：该目标是确保所提出的算法的精度和特性，特别是在不连续区域	
8	与高层需求的符合性：该目标是确保软件低层需求满足软件高层需求，并正确地定义了派生需求及其之所以成立的设计基础	低层需求的评审和分析
9	准确性和一致性：该目标是确保每一项低层需求是准确的、无歧义的，并且低层需求之间没有冲突	
10	与目标机的兼容性：该目标是确保在软件需求与目标机的硬件 / 软件特征之间，特别是与资源的使用（如总线负载）、系统响应时间和输入 / 输出硬件之间不存在冲突	
11	可验证性：该目标是确保每一项低层需求是可验证的	
12	与标准的符合性：该目标是确保在软件设计过程中遵循了软件设计标准，并对偏离标准的方面作了说明	
13	可追踪性：该目标是确保高层需求及派生需求已发展成低层需求	
14	算法方面：该目标是确保所提出的算法的精度和特性，特别是在不连续区域	
15	与高层需求的符合性：该目标是确保软件体系结构与高层需求没有矛盾，特别是与保证系统完善性的功能（如划分方案）没有矛盾	软件体系结构的评审和分析
16	一致性：该目标是确保软件体系结构中各部件的关系是正确的。这种关系存在于数据流和控制流之中	
17	与目标机的兼容性：该目标是确保在软件体系结构与目标机的硬件 / 软件之间，特别是与初始化、异步操作、同步和中断之间不存在冲突	

附表 A-1（续）

序号	标准要求	类别
18	可验证性：该目标是确保软件体系结构是可验证的，如没有无限递归算法	
19	与标准的符合性：该目标是确保在软件设计过程中遵循了软件设计标准，并对偏离标准的方面，特别是不符合系统安全性目标的复杂性限制和设计结构作了说明	
20	划分的完整性：该目标是确保防止或隔离了划分的分支	
21	与低层需求的符合性：该目标是确保源代码对于软件低层需求而言是准确的和完整的，并且源代码中没有实现未规定的功能	
22	与软件体系结构的符合性：该目标是确保源代码与软件体系结构中定义的数据流和控制流相匹配	
23	可验证性：该目标是确保源代码不包含不能被验证的语句和结构，也不包含只有通过更改才能对其测试的代码	
24	与标准的符合性：该目标是确保在代码开发过程中，特别是建立应符合系统安全性目标的复杂性限制和代码约束时，遵循了软件编码标准。复杂性包括软件部件之间的耦合、控制结构的嵌套层数以及逻辑或数值表达式的复杂程度。这种分析也要确保对偏离标准的方面作出说明	源代码的评审和分析
25	可追踪性：该目标是确保软件低层需求已发展成源代码	
26	准确性和一致性：该目标是确保源代码的正确性和一致性，包括堆栈的使用、定点算术运算溢出和处理、资源争夺、最恶劣情况的执行时间、异常处理、未初始化变量或常量的使用、未使用的变量或常量以及由于任务或中断冲突造成的数据失效	
27	实数和整数变量的无效取值等价类	
28	系统初始化过程，应在异常条件下进行测试	
29	输入数据的所有可能失效模式（failure modes）都应被测试，特别是来自系统外部的复杂、数字型的连续型数据	
30	对于具有循环计数累积变量的循环，测试用例应试图使循环次数超出该变量值域，演示循环相关功能的健壮性	鲁棒测试用例设计
31	应检查用于超出帧时间的保护机制是否能正确响应	
32	对与时间有关的功能，如滤波器、积分器和延时，应开发算术溢出保护机制的测试用例	
33	对于状态转换，应开发能引发软件需求不允许的转换的测试用例	
34	测试不正确的中断处理	
35	测试不能满足执行时间需求	
36	测试对软件瞬变或硬件失效的不正确的软件响应，如启动顺序、瞬变输入负载和输入电压瞬变	基于需求的硬件/软件综合测试
37	测试数据总线和其他资源争用问题，如存储映象	
38	测试机内自测试不能检测到失效	
39	测试硬件/软件接口错误	

附表 A-1（续）

序号	标准要求	类别
40	测试反馈回路的不正确行为	基于需求的硬件/软件综合测试
41	测试对存储器管理硬件或其他硬件设备的不正确的软件控制	
42	测试堆栈溢出	
43	测试用于确认外场可加载软件的正确性和兼容性的机制的不正确运行	
44	测试软件划分的越界	
45	测试变量和常量的不正确的初始化	基于需求的软件综合测试
46	测试参数传递错误	
47	测试数据失效，特别是全局数据	
48	测试不适当的端点间分辨率	
49	测试不正确的事件和操作顺序	
50	测试不能满足软件需求的算法	基于需求的低层测试
51	测试不正确的循环操作	
52	测试不正确的逻辑判定	
53	测试不能正确地处理输入状态的合法组合	
54	测试不能正确地响应丢失的或失效的输入数据	
55	测试不能正确地处理异常，如算术故障或数组越界	
56	测试不正确的计算顺序	
57	测试不适当的算法精度、准确度或性能	

附录 B　NASA–STD–8739B 标准的软件质量要求

附表 B–1　NASA–STD–8739B 标准的质量要求

序号	标准要求
1	针对所提交的软件质量保证和软件安全相关问题、调查结论以及风险提供响应，并跟踪这些问题、调查结论以及风险是否得到关闭
2	确认危险报告或者安全数据包涵盖所有已知导致危险的软件事件（例如，软件运行、无运行、不正确运行等）
3	确认已测试影响危险系统行为的安全关键加载数据、上行数据、规则和脚本的值
4	对软件组件进行验证和确认，使其达到接受类似开发的软件组件用于其预期用途所需的相同水平
5	针对软件供应商报告的缺陷进行定期评估，以确保缺陷不会影响所采购或选择的软件组件
6	软件在首次启动与重新启动时，应被初始化为已知的安全状态
7	软件在所有预定义的已知状态之间可安全地转换
8	当执行顺序混乱的命令可能导致系统危险时，软件应拒绝顺序混乱的命令
9	软件在所有预定义的已知状态之间安全地转换
10	由软件功能执行的终止操作，应转移到一个已知的安全状态
11	超控于软件功能的操作，需要由一个操作员执行至少两次独立的操作来确认执行
12	软件应检测无意的内存修改，并恢复至一个已知的安全状态
13	软件对到/来自软件系统的输入和输出执行完整性检查
14	在执行安全关键软件指令之前，软件需要执行预先检测
15	不允许由单个软件事件或者操作行为启动一个确认的危险
16	软件在防止危险事件所需的时间内，对偏离的标称条件（off–nominal）做出响应
17	软件应提供错误处理程序
18	软件可以确保系统处于一个安全的状态
19	在设计和代码中使用分区或隔离方法
20	设计时，在逻辑上应将安全关键的设计元素和数据与非安全关键的设计元素和数据隔离开
21	确认已针对所有已识别的安全关键软件组件解决100%代码测试覆盖，或确认软件开发商提供技术上可接受的理由或风险评估，解释测试覆盖不可能的原因或风险的原因

附表 B-1（续）

序号	标准要求
22	使用与手工生成的代码相同的软件标准和过程对自动生成的源代码进行验证和确认
23	应识别飞行和地面软件系统中的网络安全风险及其缓解措施，并规划这些系统的缓解措施
24	对具有通信能力的软件系统实施保护，防止未经授权的访问
25	对于具有通信能力的软件产品，确认软件需求、软件设计文档和软件实现按照航天系统要求解决未经授权的访问
26	应对软件进行测试，并记录从安全漏洞和安全弱点分析中识别出的所需软件网络安全缓解实现的测试结果
27	确认存在收集、报告和存储与对抗行为检测相关的数据的软件需求
28	对软件需求进行安全性分析，识别任何不正确、缺失或不完整的需求
29	应在软件需求中明确与软件相关的安全约束、控制与缓解措施，以及硬件、操作员和软件之间的约束关系
30	应执行需求确认，确保软件在用户真实的操作环境中按预期运行
31	确认代码不包含设计或要求中未定义的功能
32	在开发和测试阶段使用静态分析工具分析代码，至少检测软件缺陷、代码覆盖率以及软件的复杂性
33	分析软件代码是否符合所有要求的软件编码方法、规则和原则
34	确认用于实现飞行软件或飞行设备鉴定的软件模型、仿真和分析工具已经过验证和鉴定
35	分析软件测试计划和软件测试程序是否涵盖软件需求，并充分验证系统危险控制，特别是覆盖了非常规场景
36	应在实物环境下或高仿真平台上对软件系统进行验证
37	应通过独立测试验证可追溯至危险事件、原因或缓解技术的每个软件需求
38	应对嵌入式 COTS、GOTS、MOTS、OSS 或重用软件组件进行测试，测试等级与接受定制开发的软件组件预期用途所需的水平相同
39	评估软件安全关键功能是否具备安全相关的配置管理，包括系统危险分析报告、软件安全性分析报告等
40	确认测量程序，建立、记录、维护、报告和使用软件保证、管理与技术度量，并对软件可靠性安全性指标（质量指标、缺陷指标）进行趋势分析
41	在整个项目生命周期中，对所有 COTS、GOTS、MOTS、OSS 或重用软件组件的报告不符合项进行评估，评估不符合项对项目软件的安全性、质量和可靠性的影响
42	应对所有高严重性软件不符合项（闭环过程）实施过程评估。执行或确认已对所有已识别的高严重性软件不符合项完成根本原因分析，记录结果并评估其充分性
43	详细设计应覆盖软件需求的实现方法，尤其是与故障管理、安全性和安全性相关的需求
44	应验证和确认软件代码是否符合行业最佳实践和软件编码标准
45	应验证并确认项目评估软件系统是否存在潜在的安全漏洞和弱点

附表 B-1（续）

序号	标准要求
46	应验证并确认项目实施了所需的软件安全风险缓解措施，以确保实现软件的安全目标
47	应通过使用分析工具（包括但不限于静态、动态、组合和形式分析工具）来验证和确认源代码
48	从安全角度来看，评估代码并确保已知的软件安全性问题（例如，缓冲区溢出和类型不匹配等）在安全关键功能中不存在
49	危险分析应通过设计的手段，考虑软件引发或控制一个给定危险的能力
50	在危险分析过程中，从"数据错误"角度识别如下潜在的软件原因： （1）异步通信； （2）单事件或双事件翻转 / 位翻转或硬件引起的错误； （3）与网络上非预期系统之间的输入 / 输出通信； （4）超值域的输入值，即输入值高于或低于值域上下限； （5）启动或硬件初始化数据错误； （6）来自天线的数据损坏； （7）软件内存接口的失效； （8）飞行软件的失效以抑制故障部件的输出； （9）监控总线控制器速率以确保与总线调度的航空电子总线上的所有远程终端通信的软件出现故障； （10）地面或机载数据库错误； （11）接口错误； （12）潜在数据； （13）通信总线过载； （14）输入完整性检查缺失或失败，输入 / 输出数据有效性检查失败； （15）过度网络流量 / 混淆节点使网络处于繁忙状态，从而禁止来自其他节点的通信； （16）传感器或执行器卡在某个值； （17）输入的软件状态错误
51	在危险分析过程中，从"指令错误"角度识别如下潜在的软件原因： （1）命令缓冲区错误或溢出； （2）损坏的软件加载； （3）实时命令生成或序列生成错误； （4）危险操作过程中的指令出现错误； （5）在执行安全关键软件指令之前，预先检查执行出现失效； （6）用于指令结构的地面或机载数据库错误； （7）指令服务器错误导致指令数据错误； （8）不正确的操作输入指令； （9）发送了错误的指令或计算错误的指令； （10）时序错误，未能按正确时序发送指令； （11）在错误软件状态下发送命令，或软件处于错误或非预期状态； （12）指令上的时间戳不正确； （13）指令不正确时缺少软件错误处理； （14）未提供有关指令执行的状态消息； （15）内存损坏，导致关键数据取值在内存中被覆盖或重置； （16）语法不一致； （17）不一致的指令选项； （18）指令的名称类似； （19）不一致的错误处理规则； （20）脚本中内置的错误自动命令序列包含可消除多个危害抑制的单个命令

附表 B-1（续）

序号	标准要求
52	在危险分析过程中，从"飞行计算机错误"角度识别如下潜在的软件原因： （1）板级支持包软件错误； （2）启动加载软件错误； （3）启动可编程只读存储器（PROM）损坏，阻止复位； （4）缓冲区溢出； （5）CPU 过载； （6）周期抖动； （7）循环过度运转； （8）死锁； （9）活锁； （10）在程序加载过程中重启（PROM 损坏）； （11）在未重新启动的情况下，出现了重置； （12）单或双事件翻转 / 位翻转或硬件引起的错误； （13）软件复位的时间大于软件出现失效的时间； （14）重启时，出现了非预期的持久性数据 / 配置； （15）重新启动期间"看门狗"处于活动状态，导致无限启动循环； （16）"看门狗"故障； （17）无法检测并转换到冗余或备份计算机； （18）冗余或备份计算机中的数据不正确或过时
53	在危险分析过程中，从"操作系统错误"角度识别如下潜在的软件原因： （1）应用程序软件与操作系统升级 / 修补程序不兼容； （2）实时操作系统（real-time operating system，RTOS）板级支持软件的缺陷； （3）软件错误处理缺失或不正确； （4）分区错误； （5）共享资源错误； （6）单事件或双事件翻转 / 位翻转； （7）操作系统软件对用户输入的意外响应； （8）冗余功能； （9）缺失功能； （10）不正确的功能； （11）针对操作系统错误的保护不足； （12）非预期和异常的软件行为
54	在危险分析过程中，从"可编程逻辑设备错误"角度识别如下潜在的软件原因： （1）高圈复杂度（大于 15）； （2）用可编程逻辑控制器（programmable logic controller，PLC）开发的编程和模拟工具中的错误； （3）可编程逻辑设备接口的错误； （4）逻辑设计的错误； （5）在逻辑设计中缺少软件错误的处理程序； （6）PLC 逻辑 / 时序错误； （7）单事件或双事件翻转 / 位翻转或硬件引起的错误； （8）计时错误； （9）操作系统软件对于用户输入的非预期响应； （10）冗余功能； （11）缺失功能； （12）不正确的功能； （13）非预期和异常的软件行为

附表 B-1（续）

序号	标准要求
55	在危险分析过程中，从"飞行系统时间管理错误"角度识别如下潜在的软件原因： （1）错误的数据延迟／采样率； （2）在给定时间内终止／结束过程失败； （3）时间同步不正确； （4）潜在数据（数据延迟或未在要求的时间内提供）； （5）任务占用时间计时问题和分配； （6）错误的函数执行，在错误的时间、不按顺序或程序处于错误状态时执行函数； （7）竞态条件； （8）软件无法在防止危险事件所需的时间内响应非规定条件； （9）时间相关功能执行过快或过慢； （10）时间跳跃（例如，全球定位系统时间校正）； （11）飞行系统组件之间的时间同步丢失或不正确； （12）地面和航天器接口之间的时间同步丢失或不正确； （13）软件时序要求不明确； （14）异步系统或组件； （15）死锁条件； （16）活锁条件
56	在危险分析过程中，从"编码、逻辑、算法失效，以及算法规格错误"角度识别如下潜在的软件原因： （1）自动编码错误的原因； （2）配置数据错误／未检查外部输入文件和数据； （3）除零； （4）错误标识； （5）语法错误； （6）错误编码软件算法； （7）定位算法错误； （8）案例／类型／转换错误／单位不匹配； （9）缓冲区溢出； （10）高圈复杂度（大于 15）； （11）死代码或者未使用代码； （12）无尽的 do 循环； （13）错误的输出； （14）飞行计算机软件的失效转换到或运行在正确的模式或状态； （15）检查安全关键输出的合理性，危险值和正确计时出现失效； （16）在检测到算术错误时生成过程错误（如除零）； （17）当一个非预期时间产生时，创建软件错误日志报告失败； （18）意外的内存修改； （19）不正确的"if-then"和不正确的"else"； （20）在 switch 中缺少 default 分支； （21）软件变更、软件缺陷或者软件不符合的错误实施； （22）函数数量或者数学迭代错误； （23）如果未收到命令或命令能力丧失（无法发出命令），则软件操作错误； （24）编码评审不充分或质量差，软件同行评审不充分； （25）编码标准使用不足； （26）接口错误； （27）缺少或不充分的代码静态分析检查； （28）参数范围和边界检查缺失或不正确；

附表 B-1（续）

序号	标准要求
	（29）无功能回路； （30）计算中的溢出或下溢； （31）精度不匹配； （32）资源竞争（例如，两个或多个进程访问共享资源）； （33）舍入或截断故障； （34）时序错误（例如，未能以正确的时序发出指令）； （35）软件初始化至一个位置的状态；启动时未能正确初始化所有系统和局部变量，包括时钟； （36）被调用函数的参数过多或过少； （37）未定义或者未初始化的数据； （38）未测试的 COTS、MOTS 或者重用代码； （39）端到端测试不完整； （40）软件压力测试不完整或者缺失； （41）数据字典或者数据字典处理的错误； （42）混淆要素名称； （43）同一要素有多个名称； （44）重复的代码模块； （45）初始化循环控制失败； （46）初始化（或者重新初始化）指针失败； （47）初始化（或重新初始化）寄存器失败； （48）清楚标志失败； （49）可扩展性错误； （50）在更新或更新的 COTS 模块中引入了意外的新行为或缺陷； （51）未寻址指针关闭
57	在危险分析过程中，从"容错和故障管理错误"角度识别如下潜在的软件原因： （1）缺少软件错误处理程序； （2）缺少或者不正确的故障检测逻辑； （3）缺失或者不正确的故障恢复逻辑； （4）执行紧急安全操作的问题； （5）联锁故障后，停止所有危险功能失败； （6）软件无法在防止危险事件所需的时间内响应非规定条件； （7）共模软件故障； （8）未检测到危险原因； （9）故障检测算法中的误报； （10）在执行安全关键软件命令之前，执行先决条件检查失败； （11）在规定时间内终止/结束过程失败； （12）内存损坏，关键数据变量在内存中被重置； （13）单事件或双事件翻转/位翻转或硬件引起的错误； （14）不正确的接口，接口中的错误； （15）缺少自测试功能； （16）未考虑硬件压力； （17）端到端测试缺失； （18）软件压力测试不完整或缺失； （19）数据字典或者数据字典处理错误； （20）未能提供或确保输入数据、命令和软件修改的安全访问

附表 B-1（续）

序号	标准要求
58	在危险分析过程中，从"软件处理错误"角度识别如下潜在的软件原因： （1）执行软件开发过程或执行不适当的过程出现失效； （2）软件保证支持和评审不充分； （3）软件保证审计缺失或者不完整； （4）遵循记录的软件开发过程失败； （5）NPR 7150.2 中安全关键软件需求的缺失、定制或不完整实施； （6）太空电站程序 50038、基于计算机的控制系统安全需要中安全关键软件要求的缺失、定制或不完整实施； （7）不正确或者不完整的测试； （8）重复使用或集成软件测试不充分； （9）当一个非预期事件发生时，未能正确打开一个软件错误报告； （10）将硬件人员纳入软件变更、软件实施、同行评审和软件测试的评审时失败； （11）在所有软件变更和软件缺陷中执行安全评审失败； （12）COTS、MOTS 或 OSS 软件缺陷； （13）对 COTS 软件中可用的错误修复和更新进行评估失败； （14）不充分的代码标准使用； （15）代码静态分析审查缺失或者不正确； （16）版本加载不正确； （17）不正确的配置值或者数据； （18）未对外部输入文件和数据进行检测； （19）将配置数据更改上传至航天器时出错； （20）软件／航空电子模拟器／模拟器错误和缺陷； （21）未经验证的软件； （22）高圈复杂度（超过 15）； （23）软件需求分析不完整或不充分； （24）混合的软件需求； （25）不正确或者不充分的软件危险分析； （26）不正确或不充分的软件安全性分析； （27）不正确或不充分的软件测试数据分析； （28）在非正式和正式软件测试期间发现的软件缺陷未进行记录； （29）自动编码工具故障和缺陷； （30）设计模型错误； （31）由于缺乏对硬件需求的理解而导致硬件模拟器出现软件错误； （32）不正确或不充分的软件测试数据分析； （33）内置测试覆盖率不充分； （34）飞行软件应用级源代码的回归测试和单元测试不充分； （35）失效在回路环境中测试硬件中的所有标称和计划应急场景（突破和再交会、发射中止）和完整任务持续时间（发射到停靠）； （36）非预期条件、边界条件以及软件／接口输入下的测试不充分； （37）在操作场景中使用测试数据、文件或配置文件的持久性； （38）提供从安全状态到危险状态的多条路径或触发器失败； （39）接口控制文档和接口需求文档错误； （40）系统需求错误； （41）硬件配置和运行的误解； （42）硬件要求和接口错误，对软件／硬件功能及其执行方式的描述不正确； （43）软件需求或规格说明缺失或不正确； （44）缺少软件错误处理；

附表 B-1（续）

序号	标准要求
	（45）需求/设计错误未充分定义、检测和更正； （46）未能正确识别关键软件项； （47）失效执行函数，执行错误函数，执行函数不完全； （48）无意/未经授权的事件、意外、不需要的事件、失序事件、计划内事件未能发生； （49）事件的尺度或方向错误； （50）事件保护失序； （51）多个事件/行为同时被触发（非预期的）； （52）错误或异常处理缺失或不完整； （53）所需车辆功能操作的意外或不正确的模式转换；未定义或不正确的模式转换标准；非授权模式转换； （54）飞行软件未能正确启动正确的转移模式； （55）软件状态转移错误； （56）软件终止于一个未知状态； （57）软件数据字典值错误
59	在危险分析过程中，从"人机界面错误"角度识别如下潜在的软件原因： （1）不正确的数据（单位换算、变量类型不正确）； （2）过时数据； （3）人机界面设计不良； （4）显示的数据太多、太少、不正确； （5）用户显示器锁定/故障； （6）缺失软件错误处理； （7）非请求命令（无意发出命令、网络安全问题或无故发出命令）； （8）发送的命令错误或计算错误； （9）失效向用户显示信息或消息； （10）显示器刷新率导致操作员响应不正确； （11）人机界面中缺乏危险事件队列（如警报）的排序方案（即优先级与到达时间的关系，例如，当中止必须到达队列顶部时）； （12）消息不明确或不正确； （13）用于检查操作员输入的人机界面软件的失效； （14）传递信息或消息失败； （15）无屏幕说明； （16）未记录的要素； （17）似乎无法退出的状态； （18）无光标； （19）人机界面软件中的操作员控件标签不正确； （20）检查算法/规范中的约束和有效边界无效； （21）通知更改何时生效失败； （22）错误、误导或混淆信息； （23）屏幕布局美观性差； （24）菜单布局错误； （25）对话框布局错误； （26）有歧义的介绍； （27）错误使用颜色； （28）无法允许选项卡导航编辑字段（仅限鼠标输入）

附录 C GJB 5000B 标准的软件质量要求

附表 C-1 GJB 5000B 二级的质量要求

章节号	质量要求
7.2.4.5	开发产品和产品部件需求 d）依据内外部约束要求分析其他需求，如通用质量特性需求、设计约束要求等。通用质量特性需求一般包括可靠性、安全性、可维护性等

附表 C-2 GJB 5000B 三级的质量要求

章节号	质量要求
7.2.5.2	建立并维护需求开发准则 b）建立并维护产品和产品部件需求的开发准则，如：需求分析准则、可靠性安全性需求开发准则、可维护性需求开发准则等
7.2.5.4	分析可靠性安全性等通用质量特性需求（RDM 3.3） 依据准则、结合业务领域和产品特点，分析软件相关的通用质量特性需求，一般包括：可靠性、安全性、可维护性等。 a）依据准则识别并标识可靠性需求，如数据保护、冗余备份、余量设计、单粒子效应防护等需求
7.2.5.4	分析可靠性安全性等通用质量特性需求（RDM 3.3） b）依据准则识别并标识安全性需求，如安全模式需求、危险命令处理需求
7.3.4.7	开展可靠性安全性等通用质量特性设计（TS 3.6） a）根据可靠性安全性需求开展专项可靠性安全性设计，可以包括独立性设计、失效/检测/隔离设计、健壮性设计、冗余设计、可恢复性设计、中断设计、时序设计等
7.4.4.7	评价已集成的产品或产品部件（PID 3.6） d）评价已集成产品部件间接口的可靠性与安全性，如接口容错、备份、隔离等特性
7.6.5.4	开展可靠性安全性等通用质量特性的验证与确认 a）检查可靠性、安全性、可维护性等通用质量特性需求或设计是否已被识别
7.6.5.4	开展可靠性安全性等通用质量特性的验证与确认 b）基于可靠性、安全性、可维护性等通用质量特性需求，采用适宜的方法，开展验证与确认
7.6.5.4	开展可靠性安全性等通用质量特性的验证与确认 c）可通过专项分析、专家评审等方式，加强可靠性安全性等通用质量特性验证与确认结果的分析和检查，确保验证与确认的充分性、有效性和正确性

附录 D 机载软件质量评价度量元定义与评价方法

附表 D-1 机载软件质量评价度量元定义与评价

序号	度量元	参数	数据来源	评价公式
1	软件需求项数密度	软件规模（有效代码行数）B	内部测试报告/第三方测试报告	$X=\begin{cases} 1 & A\times300/B\geq1 \\ A\times300/B & 1\geq（A\times50/B）\geq0 \end{cases}$
		软件定义的需求条数 A	软件需求规格说明	
2	软件设计单元项数密度	软件规模（软件代码行数）B	内部测试报告/第三方测试报告	$X=\begin{cases} 1 & A\times50/B\geq1 \\ A\times50/B & 1\geq（A\times50/B）\geq0 \end{cases}$
		软件定义的设计单元条数 A	软件设计说明	
3	需求实现的覆盖率	能正确实现的需求条数 A	内部测试报告/第三方测试报告	$X=A/B$
		软件定义的需求条数 B	软件需求规格说明	
4	需求的稳定性	软件定义的需求条数 B	软件需求规格说明	$X=A/B$
		软件全寿命周期的需求变更条数（包括增加、删除、修改）A	软件配置管理和软件质量保证过程中软件更改单	
5	计算的准确性	软件定义有计算准确性要求的软件需求条数 A	软件需求规格说明	$X=A/B$
		正确实现的有计算准确性要求的需求条数 B	内部测试报告/第三方测试报告	
6	数据的可交换性	软件需求定义的与其他软件或系统交换数据的接口个数 A	软件需求规格说明、软件接口控制文件	$X=A/B$
		能正确与其他软件或系统交换数据的接口个数 B	内部测试报告/第三方测试报告	
7	（千行）代码缺陷密度	软件规模（软件有效代码行数）B	内部测试报告/第三方测试报告	$X=A/（B/1000）$
		软件测试过程中发现的缺陷数（问题个数）A	内部测试报告/第三方测试报告	
8	重要代码缺陷比率	软件测试过程中发现的缺陷数（问题个数）B	内部测试报告/第三方测试报告	$X=A/B$
		软件测试过程中发现的关键、重要问题缺陷数（问题个数）A		

附表 D-1（续）

序号	度量元	参数	数据来源	评价公式
9	代码缺陷解决率	软件测试过程中发现的缺陷总数（问题个数）B	内部测试报告/第三方测试报告	$X=A/B$
		被排除的缺陷数 A		
10	测试需求覆盖率	软件测试完成后，软件最终定义的软件需求条目总数 B	软件需求规格说明	$X=（A/B）×（C/D）$
		配置项测试过程中被覆盖的软件需求规格说明中需求条数 A	内部测试报告/第三方测试报告	
		软件测试完成后，软件研制任务书中定义的软件需求条目总数 D	软件研制任务书	
		系统测试过程中被覆盖的软件研制任务书中需求条数 C	内部测试报告/第三方测试报告	
11	语句覆盖率	语句覆盖率 A	单元测试报告	$X=A$
12	分支覆盖率	分支覆盖率 A	单元测试报告	$X=A$
13	避免失效	软件安全性分析识别出的软件失效模式总数 A	软件安全性分析报告	$X=A/B$
		得到正确有效控制的软件失效模式总数 B	内部测试报告/第三方测试报告	
14	资源利用率（静态）	软件需求中规定的静态资源大小 B	内部测试报告/第三方测试报告	$X=A/B×100\%$
		软件测试发现软件实际占用的静态空间大小 A		
15	资源利用率（动态）	软件需求中规定的动态资源大小 B	内部测试报告/第三方测试报告	$X=A/B×100\%$
		软件测试发现软件实际占用的动态空间大小 A		
16	环境的适应性	软件需求中规定的具有多种环境适应能力的功能数 B	软件需求规格说明	$X=A/B×100\%$
		软件测试证实的能在多种环境中正常使用的功能数 A	内部测试报告/第三方测试报告	
17	接口的一致性	在评审中已证实的按规格说明正确实现的接口协议数 A	内部测试报告/第三方测试报告	$X=A/B$
		需求规格说明中要实现的接口协议数 B	软件需求规格说明	

附表 D-1（续）

序号	度量元	参数	数据来源	评价公式
18	抵御误操作	为抵御误操作模式而实现的功能数 A	内部测试报告 / 第三方测试报告	X=A/B
		要考虑的误操作模式个数 B	软件需求规格说明	
19	易复原性	在评审中证实的已实现的复原需求数 A	内部测试报告 / 第三方测试报告	X=A/B
		规格说明中的复原需求数 B	软件需求规格说明	
20	复原的有效性	已实现的满足目标复原时间的复原需求数 A	内部测试报告 / 第三方测试报告	X=A/B
		有规定目标时间要求的复原需求数 B	软件需求规格说明	
21	易学性	用户手册描述的功能数 A	软件用户手册	X=A/B
		软件提供的功能数 B	软件需求规格说明	
22	输入的有效性检查	对有效数据进行检查的输入项数 A	软件需求规格说明	X=A/B
		对有效数据可能进行检查的输入项数 B		
23	用户操作的易取消性	已实现的能被用户取消的功能数 A	内部测试报告 / 第三方测试报告	X=A/B
		要求具备预取消能力的功能总数 B	软件需求规格说明	
24	更改的影响	检测到修改之后发生不利影响的次数 A	内部测试报告 / 第三方测试报告	X=1-A/B
		实施修改的次数 B	内部测试报告 / 第三方测试报告	
25	平均模块大小	所有模块中源语句的总行数 A	内部测试报告 / 第三方测试报告	X=A/B（后续还需要对其进行归一化处理）
		模块总数 B	软件设计说明	
26	数据耦合的模块率	有数据联系的模块数 A	源程序	X=A/B
		模块总数 B	源程序	
27	功能耦合的模块率	有功能联系的模块数	源程序	X=A/B
		模块总数	源程序	

附表 D-1（续）

序号	度量元	参数	数据来源	评价公式
28	访问控制性	正确实现访问控制的功能条数 A	内部测试报告 / 第三方测试报告	$X = A/B \times 100\%$
		需求中规定有访问控制功能的功能条数 B	内部测试报告 / 第三方测试报告	
29	数据加密正确性	正确实现数据加密功能的条数 A	内部测试报告 / 第三方测试报告	$X = A/B \times 100\%$
		需求中规定有数据加密功能的功能条数 B	软件需求规格说明	
30	可测性	需求规格说明中可以进行测试的功能数 A	软件测试大纲	$X = A/B \times 100\%$
		需求规格说明中软件功能总数 B	软件需求规格说明	
31	测试环境的完备性	环境中只有通过程序插装的测试功能数 A	软件测试大纲	$X = 1 - A/B$
		需求中规定的总的功能数 B	软件需求规格说明	
32	功能的易理解性	能被用户理解的界面功能数 A	—	$X = A/B$
		用户界面总数 B	软件需求规格说明	
33	系统 / 子系统规格说明标准符合性	系统 / 子系统规格说明是否符合 GJB 438B 要求	软件交付状态过程检查单	X 取值为两种：1. 是；0. 否
34	软件需求规格说明标准符合性	软件需求规格说明是否符合 GJB 438B 要求	软件交付状态过程检查单	X 取值为两种：1. 是；0. 否
35	接口需求规格说明标准符合性	接口需求规格说明是否符合 GJB 438B 要求	软件交付状态过程检查单	X 取值为两种：1. 是；0. 否

参 考 文 献

［1］Mattis.Implementation guidance for the establishment of the Office of the Under Secretary of Defense for Research and Engineering and the Office of the Under Secretary of Defense for Acquisition and Sustainment［R］.Washington：DoD，2016.

［2］国家国防科技工业局.HB 20212—2014 航空机载软件分类与代码［S］.北京：中国航空综合技术研究所，2014.

［3］中国人民解放军总装备部.GJB 5236—2004 军用软件质量度量［S］.北京：中国航天标准化研究所，2004.

［4］DoD.MIL-STD-882E Department of Defense standard practice［S］.Washington：DoD，2012.

［5］NASA.NASA-STD-8719.13 software safety standard［S］.Washington：NASA HQ，Office，Facility or Division，2020.

［6］SAE.ARP4761 guidelines and methods for conducting the safety assessment process on civil airborne systems and equipment［S］.Warrendale：SAE，1996.

［7］RTCA，Inc..DO-178C software considerations in airborne systems and equipment certification［S］.Washington：RTCA，Inc.，2021.

［8］SAE International.JA 1002-2004 software reliability program standard［S］.Troy MI：SAE International，2002.

［9］SAE International.JA1003_201205 software reliability program implementation guide［S］.Troy MI：SAE International，2002.

［10］IEEE.P1633 recommended practice for software reliability［S］.State of New Jersey：IEEE，2016.

［11］IEEE.IEEE Std 982.1—2005 982.1 IEEE standard dictionary of measures of the software aspects of dependability［S］.State of New Jersey：IEEE，2006.

［12］全国信息技术标准化技术委员会.GB/T 25000.10—2016 系统与软件工程 系统与软件质量要求和评价（SQuaRE）系统与软件质量模型［S］.北京：上海计算机软件技术开发中心，2016.

［13］国家国防科技工业局.SJ 21145.1—2016 军工软件质量度量－效率 第1部分：指标体系［S］.北京：工业信息化部电子第四研究院，2016.

［14］中国人民解放军总装备部.GJB/Z 161 军用软件可靠性评估指南［S］.北京：中国航空综合技术研究所，2012.

［15］中国人民解放军总装备部.GJB/Z 102A—2012 军用软件安全性设计指南［S］.北京：总装备部电子信息基础部标准化研究中心，2012.

［16］ISO/IEC JTC 1/SC 7.ISO/IEC 25001：11 Systems and software engineering Systems and software Quality Requirements and Evaluation（SQuaRE）System and software quality models［S］.Geneva: ISO/IEC JTC 1/SC 7，2011.

［17］中华人民共和国国家质量监督检验检疫总局，中国国家标准化管理委员会 .GB/T 25000.10—2016 系统与软件工程—系统与软件质量要求和评估（SQuaRE）第 10 部分：系统与软件质量模型［S］.北京：中国标准出版社，2016.

［18］中央军委装备发展部 .GJB 450B—2021 装备可靠性工作通用要求［S］.北京：中国航空综合技术研究所，2022.

［19］中国人民解放军总装备部 .GJB 451A—2005 可靠性维修性保障性术语［S］.北京：总装备部技术基础管理中心，2005.

［20］中国人民解放军总装备部 .GJB/Z 1391—2006 故障模式、影响及危害性分析指南［S］.北京：北京航空航天大学可靠性工程研究所，2006.

［21］国防科学技术工业委员会 .GJB/Z 102—1997 软件可靠性和安全性设计准则［S］.北京：中国航天工业总公司二零四所，1997.

［22］中国人民解放军总装备部 .GJB/Z 141—2004 军用软件测试指南［S］.北京：总装备部军标出版发行部，2004.

［23］中国人民解放军总装备部 .GJB 8114—2013 C/C++ 语言编程安全子集［S］.北京：总装备部电子信息基础部标准化研究中心，2013.

［24］国防科学技术工业委员会 .GJB 813，可靠性模型的建立和可靠性预计［S］.北京：中国电子技术标准化研究所，1990.

［25］NASA.NASA–STD–8739.8 Software assurance and software safety standard［S］.Washington: NASA HQ，Office，Facility or Division，2022.

［26］International Electrotechnical Commission.IEC 61508 functional safety of electrical/electronic/programmable electronic safety–related systems［S］.Geneva: International Electrotechnical Commission，2000.

［27］ISO/TC 22/SC 32.ISO 21448：2022 road vehicles safety of the intended functionality［S］.Geneva: ISO/TC 22/SC 32，2022.

［28］ISO/TC 22/SC 32.ISO 26262 road vehicles - functional safety［S］.Geneva: ISO/TC 22/SC 32，2018.

［29］CENELEC.EN 50129 railway applications - communication，signalling and processing systems - safety related electronic systems for signalling［S］.Brussels: CENELEC，2003.

［30］International Electrotechnical Commission.IEC 61513 nuclear power plant - instrumentation and control for systems important to safety; general requirements for systems［S］.Geneva: International Electrotechnical Commission，2011.

［31］国防科学技术工业委员会 .GJB/Z 768A—1998 故障树分析指南［S］.北京：中国航天工业总公司五零二所，1998.

［32］中国人民解放军总装备部 .GJB 900A—2012 装备安全性工作通用要求［S］.北京：总装备部军标出版发行部，2013.

［33］中国人民解放军空军 .KJB 164 空军装备适航中的软件需求安全性分析与验证要求［S］.北京：北京航空航天大学，空军研究院系统工程所，2022.

［34］中国航空工业集团有限公司.QAVIC 05003 航空装备软件需求安全性分析与验证指南
　　　［S］.北京：中国航空综合技术研究所，第一飞机设计研究院，沈阳飞机设计研究所，
　　　等，2012.

［35］Nancy G L，John P Y.STPA Handbook［EB/OL］.［2018–01–18］.https：//psas.scripts.
　　　mit.edu/home/get_file.php？ name=STPA_handbook.pdf.

［36］Nancy L. A new accident model for engineering safer systems［J］.Safety Science，2004，
　　　42（4）：237–270.